漳州职业技术学院
国家示范性高职院校项目建设成果
课程与教学改革丛书

丛书主编：李斯杰

副主编：戴延寿

　　　　　刘继芳

丛书编委会

主　任：李斯杰

副主任：吴泰华　　何小青　　何金科　　戴延寿

委　员：刘继芳　　章忠宪　　郑东生　　廖传柱

　　　　　陈仪男　　李志勇　　林文杰　　林绍中

　　　　　唐耀红　　曹新林　　薛奕忠　　叶　腾

　　　　　张东明　　邱添乾　　李志明　　张　艳

　　　　　叶　凯　　刘小晶　　黄向东

高等职业教育应用电子技术专业学习领域课程教学用书

单片机应用系统设计与制作工作页

主　编　廖传柱
副主编　方惠蓉　施　众
参　编　苏秀珍　张　伟　沈炎松

厦门大学出版社
XIAMEN UNIVERSITY PRESS

总　序

　　当前,提高教育教学质量已成为我国高等职业教育的核心问题,而教育教学质量的提高与高职院校内部的诸多因素有关,如办学理念、师资水平、课程体系、实践条件、生源质量以及教学质量监控与评价机制等。在这些影响因素中,不管从教育学理论还是从教育实践来看,课程都是一个非常重要的因素。课程作为学校向学生提供教育教学服务的产品,不但对学生培养的质量起着关键作用,而且也决定着学校核心竞争力和可持续发展能力的高低。

　　"国家示范性高职院校建设项目计划"的启动,标志着我国高等职业教育进入了一个前所未有的重要的改革与发展阶段,课程建设与教学改革再次成为高职院校建设和发展的核心工作。漳州职业技术学院作为"国家示范性高职院校项目建设计划"的第二批立项建设单位,在"校企合作、工学结合"理念的指导下,经过两年的理性探索与大胆尝试,其重点专业的核心课程从来源到体系、从教学模式到教学方法、从内容选择到评价方式都发生了重大的变革,在一定程度上解决了长期以来一直困扰职业教育中课程设置、教学内容与企业需求相脱离,教学模式、教学方法与学生能力相脱离的问题,特别是在课程体系重构、教学内容改革、教材设计与编写等方面取得了可喜的成果。

　　漳州职业技术学院的六个示范性重点建设专业采用目前世界上先进的职业教育课程开发技术——工作过程导向的"典型工作任务分析法"(BAG)和"实践专家访谈会"(EXWOWO),通过整体化的职业资格研究,按照"从初学者到专家"的职业成长的逻辑规律,重新构建了学习领域模式的专业核心课程体系。在此基础上,他们将若干学习领域课程作为试点,开展了工学结合一体化课程实施的探索,设计编写了用于帮助学生进行自主学习的学习材料——工作页。工作页作为学习领域课程教学实施中学生使用的主要学习材料,是指导帮助学生完成学习任务的重要工具。工作页体现了鲜明的职业教育特色,实现了学习内容与职业工作要求的直接和有效对接,使工学结合的理论实践一体化教学成为可能。

　　同时,丛书所承载的编写理念与思路、体例与架构、技术与方法,为我国职业院校的课程与教学改革以及教材建设提供了可资借鉴的思路与范式。

2009 年 8 月 8 日

前　言

　　随着电子信息产业的迅猛发展,单片机的应用无处不在,甚至比微机的用量还要大得多,应用领域也要广泛得多。日常生活中使用的很多家用电器都用单片机作为主控单元;汽车更是大量应用单片机来提高性能;工业生产中的各类智能仪器仪表、机电一体化设备中的数控机床、纺织印染设备等的核心也是单片机;另外在工业机器人、航空航天、通信、军事等领域单片机也有着广泛的应用。

　　由于单片机体积小,适合于嵌入到产品内部,作为产品的智能控制单元,提升了电子产品的性能,增加了电子产品的功能。使用单片机已成为提高工业自动化水平、改善生产生活条件的重要手段。因此单片机技术与应用也成为各高等院校电子信息类、电气自动化类、机电一体化类等专业重要的专业技术课程。

　　"单片机应用系统的设计与制作"课程是一门具有很强实践性与综合性的课程,在专业课程体系中占有重要地位。《单片机应用系统设计与制作工作页》是基于工学结合一体化课程开发指导思想,按照单片机应用系统的设计与制作的工作过程,遵循学生的认知规律和职业成长规律编写的。根据课程学习目标,在《单片机应用系统设计与制作工作页》中我们选取的教学内容主要有霓虹灯的控制、发声控制、串行通信、直流电机调速、电压表设计、计算器设计、数字钟等实用性强,与生产实际很贴近的学习情境。

　　本课程采用行动导向教学,工作页中以引导问题的方式,引导学生自主学习,通过查阅相关资料与信息,独立制订工作计划并实施,在实施中进行质量检查与控制,最后参与学习过程及学习成果的评价,促进学生综合职业能力的发展。在教学过程中,教师不再是教学活动的主体,只是教学过程的引导者和组织者。

本工作页在编写过程中得到了学院教务处副处长刘继芳副教授的指导,还得到了电子工程系陈丹阳、林苹华等老师的支持与帮助,在此表示衷心的感谢。

由于编者水平有限,书中的疏漏和错误在所难免,敬请各位读者批评指正。

编　者
2009 年 8 月

致 同 学

亲爱的同学：

你好！

欢迎你学习《单片机应用系统设计与制作》课程！

基于电子信息产业的迅猛发展和电子信息类人才的客观需求，电子信息类高技能技术人员已成为紧缺人才。想成为一名电子技术能手，你需要做好相应的各种准备。在此，希望我们的工作页能够为你将来从事电子产品的辅助设计、电子产品质量检测或产品维修等岗位工作奠定基础。

为了让你的学习更有效，希望您能够做到以下几点：

一、你的角色

你是学习的主体，职业的成长需要主动学习，需要你自己积极的参与实践。通过本课程的学习，你可以锻炼电子产品的辅助设计，电子产品生产与品质管理、电子产品维修、销售与技术支持等工作能力。但是教师只能引导你学会学习，给你提供帮助。所以，上课前，你得先做好学习准备，对任务的设计有一定的了解；在课堂中你要与其他同学协作，主动解决软硬件设计中出现的问题；最后教师与其他同学共同对你的学习做出评价。整个学习过程，你要主动和全面的学习，才能很好地完成学习任务，获得小型电路硬件设计和程序编写能力、创新能力。

二、你的学习任务

每个学习任务都包含学习目标、学习准备、工作计划、任务实施、成果检查、学业评价等几个环节，进行基于单片机应用系统设计与制作全过程的能力训练。在工作页中，我们为大家准备的学习内容都是贴近生产实际，具有单片机不同部分运用训练功能的学习任务，每个学习任务又包含具有可选性的子任务。在学习过程中，你首先从学习目标和任务描述中明确学习任务，从学习内容结构图分析应该做哪些学习准备；在一体化教学环境下，用好工作页。你可以在教师和同学的帮助下，通过查阅学习材料，学习相关的工作过程知识；

最后,你应当积极参与小组讨论,培养你的团队协作精神和创新意识,以培养职业关键能力。

编　者

2009 年 8 月

目 录

"单片机应用系统设计与制作"课程描述一览表

学习领域名称	单片机应用系统设计与制作	时间安排	104 学时

职业行动领域(典型工作任务)描述

依据电子产品的功能要求,分析目标系统,确定实现的方案,进而进行软硬件功能划分、主要元器件的选型,然后进行软硬件模块设计与调试,最后进行系统联调。能独立完成电路原理图设计、PCB制作、硬件测试、电路的搭建、整机的组装与调试、元器件清单的编写、测试数据分析、系统功能描述、各模块功能的描述、软件流程图的绘制、程序清单的编写、主要元器件参数的获取等。

学习目标

本课程教学要求学生能叙述单片机的基本组成,能够解释89C51各组成部件和引脚的功能;熟练使用单片机系统的开发步骤以及仿真器、编程器;能够运用单片机定时与中断功能的应用和调试方法,单片机与数码管显示器、A/D、D/A的硬件接口设计与测试方法,单片机串行通信接口设计与测试方法,根据产品及系统设计要求进行元器件采购、焊接组装、软硬件调试,熟记电子产品及系统设计流程的各个环节,通过一定的创新思维能力,科学的工作方法和良好的职业道德意识,能完成一定水平的电子产品及系统的设计。通过开发智能电子产品的基本工作过程,培养学生能画图、会制板、懂设计、善调试的智能电子技术的应用能力;培养实战型的高素质技能型人才。

工作与学习内容

工作对象:	工作方法:	工作要求:
1.用户目标系统需求分析 2.绘制系统功能框图 3.设计电路原理图 4.制作 PCB 图 5.画出软件流程图 6.编制程序 工具: 1.相关元器件、参数资料 2.单片机开发系统 3.办公设备 4.电路辅助设计软件(protel 99se) 5.制板系统 6.焊接组装工具 7.相关元器件	1.用系统功能框图解释用户目标系统的功能; 2.用模块化设计方法提炼系统功能; 3.用电路原理图展示设计系统方案; 4.用仿真平台设计软件、硬件模块; 5.在开发环境中进行模块软、硬件联调; 6.系统测试、数据分析。	1.全面准确理解目标系统要求; 学习并掌握单片机的指令系统、内部资源、外部电路扩展,程序设计,硬件设计的方法 能开拓创新思路,编制出一定水平的电子产品及系统总体设计方案; 2.能根据人员安排、设计技术要求等编制产品及系统工作计划及进度; 3.会使用各种设计工具软件; 4.能按照技术要求进行电子产品及应用系统原理图绘制;

续表

8.测试用仪器(万用表、示波器) 9.单片机仿真系统 10.编程器	劳动组织方式: 小组分工协作; 确定设计方案后,对硬件、软件模块分别调试,再联合调试。	5.能按照图纸进行电子产品及应用系统印制板图设计; 6.能根据工作要求编写单片机应用系统的应用程序; 7.能按要求对电子产品进行安装、调试。

教学建议与说明

1.教学方法的选择

本学习领域主要是依据基于单片机产品开发工作过程设计,根据不同的教学环节,应采用不同的,灵活多样的教学方法。

在"学习准备"环节,采用资料检索对比法,让学生通过阅读相关学习资料,网络查阅等途径独立检索相关技术、器件的应用资料,以提高学生信息检索能力和对新技术的转化能力;

在"工作计划"环节,采用项目分析引导法可以引导学生发散思维,激发学生的创造性;

在"任务实施"环节,采用互助协作的方式,在软硬件设计过程中,由一个团队互相协作完成项目制作,既能提高教学效率,又能锻炼学生自主学习能力。

在"成果检查"和"学业评价"环节,采用问答法,学生对自己制作的项目作品有一个新的认识,通过问答形式对学生的掌握情况进行核实,以确定是否需要再进行补充辅导或对知识进行再拓展。

2.学习过程设计

小组的协作可根据人员情况分组,三人一组,自由组合完成以下学习过程:

(1)集体拟定项目工作计划。确定该计划的团队负责人,并具体分工安排。

(2)团队成员之一介绍工作计划,师生共同做出开展工作的决定。

(3)团队分工协作开展工作,教师提供必要的指导。

(4)团队根据拟定的评价标准及内部分工,检查是否符合要求地完成了工作任务。

(5)由教师参与,在团队自己评价的基础上,与团队成员进行专业对话,师生共同评价工作情况。

(6)小组根据师生给出的建议,提出整改方案。

续表

3.学习任务设计

学习领域	单片机应用系统设计与制作	总学时	104
学习任务名称	学习情境描述(简介)。		学时
霓虹灯控制系统的设计与制作	利用单片机芯片的I/O口外接发光二极管和开关,实现彩灯的花样控制和开关控制。		26
发声装置的设计与制作	具有用按键控制扬声器发出各种不同的音调的功能。		14
简易计算器的设计与制作	能实现一位十进制数的加减乘除运算。		16
串行通信控制系统的设计与制作	利用8031单片机串行口,实现与PC机通讯。		14
数据采集与控制系统的设计与制作	能对电机的速度进行检测,并对速度进行调整。		34

《单片机应用系统设计与制作工作页》
学习任务结构图

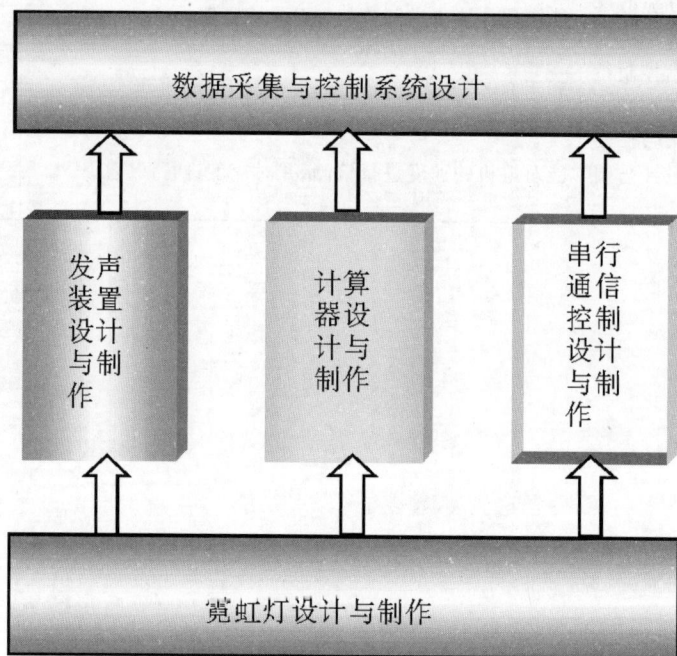

数据采集与控制系统设计

发声装置设计与制作

计算器设计与制作

串行通信控制设计与制作

霓虹灯设计与制作

学习任务 1

霓虹灯的设计与制作

1.1   任务描述

利用单片机制作一个模拟霓虹灯的控制系统,实现不同模式下的霓虹灯显示控制。霓虹灯的设计与制作项目以舞台灯光控制、交通灯控制、夜景灯光控制,以及各种以开关量为输入信号开关量为输出信号的应用模拟为背景。

本项目以开关和 LED 灯作为对象,用模拟各种开关量的输入/输出控制,以及数字量的简单处理。单片机芯片的 I/O 口外接发光二极管和开关,可实现开关控制对彩灯的花样和速度的控制。通过对开关状态的读取与对发光管的控制,体会如何实现 I/O 端口的输入/输出,学习单片机常用指令的应用,在实际中的应用如:霓虹灯、舞台灯、音乐喷泉、步进电机、交通灯、继电器等音向控制的场合;在冰霜温度控制中从传感器感温对压缩机的启动控制、防盗报警器中感应开关对报警装置的报警控制、生产线上的工件计数器等,在应用中加入一些外围电路即可成为许多应用电路的控制核心。便于学生初步了解单片机的基本知识和电子产品开发的一般过程。

1.2   学习与工作内容

本学习任务要求学生在理解单片机的基本结构及引脚结构的基础上,使用单片机系统的调试的过程及方法实现对彩灯的花样和速度的控制。

学生通过本课业完成以下工作任务:

(1)学生查阅相关资料,对主题进行更多的思考,完成调查的报告;

(2)做出彩灯控制应用系统的硬件电路图和电路接线图;

(3)画出实现相应功能的控制程序流程图;

(4)利用可用的资源做出设备选型清单;

(5)以小组为单位分别独立开展工作,进行硬件电路连接和控制程序设计;

5

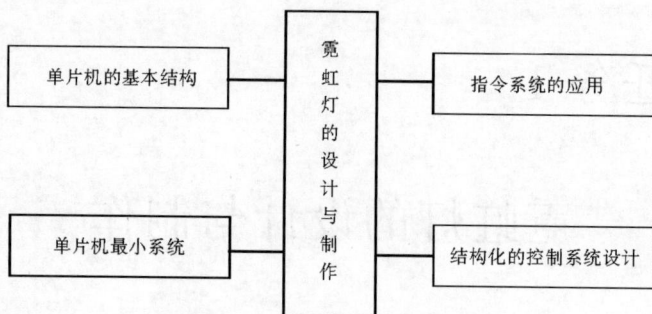

图 1-1　学习与工作内容结构图

（6）进行系统的硬件、软件设计进行调试,检查设计作品是否符合要求；

（7）完成项目设计报告并作汇报,对项目作品进行自我评价,结合教师与学生共同评价后的建议,提出整改意见。

1.3　学习目标

完成本学习任务后,你应当能：

（1）能在老师的指导下按照说明使用单片机开发环境；

（2）能在理解各引脚的功能的前提下设计硬件电路图；

（3）能在老师指导下使用仿真器设计单片机彩灯控制系统；

（4）能在掌握指令功能的前提下使用 WAVE 软件查看每个指令的执行结果；

（5）能根据结构化程序设计的特点进行模块化程序设计；

（6）能使用实际电路设计霓虹灯控制系统,编写程序并调试。

1.4　时间要求

完成学习情境 1 的工作任务所需的时间表。

载体	子任务单元	建议学时
子任务 1	让单片机动起来	6
子任务 2	彩灯依次点亮实现跑马灯效果	6
子任务 3	编程实现彩灯花样变换	6
子任务 4	用开关模拟发出命令控制彩灯的显示效果	4

1.5　学业评价形式及标准

实行多评价主体参与的学习全过程综合考核制度,考核按照平时训练和综合训练相结合、理论和实践相结合、实物和答辩相结合的原则进行,最终成绩根据学习过程"小组合作学习"学习表现、关键能力表现、实物作品展示、项目报告和答辩结果来确定。详见学习任务一学业评价表。

学习任务一学业评价表

1."小组合作学习"学习表现评价表(1)

"小组合作学习"学习表现评价表(1)

组别:　　　　　　　　　评价主体:

说明:监控:监控小组在合作完成学习任务时每种行为发生的频率。

评价:"4"表示行为总是发生;"3"表示行为经常发生;

"2"表示行为很少发生;"1"表示行为没有发生。

1.明确学习目标和任务后,立即讨论制订学习计划	1	2	3	4
2.小组成员中软硬件设计任务分工明确	1	2	3	4
3.小组成员注意倾听并考虑别人的观点	1	2	3	4
4.大家共享信息资源	1	2	3	4
5.完成任务过程能认真研究遇到的问题并主动思考解决办法	1	2	3	4
6.完成任务时积极,小组成员之间主动合作	1	2	3	4
7.完成任务时感兴趣,小组成员积极参与	1	2	3	4
8.完成任务时有目的性,小组成员之间相处融洽	1	2	3	4
9.完成任务时充满激情,小组成员之间主动沟通	1	2	3	4
10.按任务要求独立开展学习与工作	1	2	3	4
11.小组成员献计献策制订较优化的系统设计方案	1	2	3	4
12.小组成员对仪器仪表操作规范,符合要求	1	2	3	4
13.小组成员能合理选择元器件	1	2	3	4
14.按时完成设计报告并汇报在团队中的设计任务	1	2	3	4
15.完成的电路能实现设计所要求效果并有创新	1	2	3	4
16.完成的控制系统设计后,工作台面整洁	1	2	3	4

2."关键能力"评价表

"关键能力"评价表

组别：   **评价主体：**

说明：监控：监控小组在合作完成学习任务时每种行为发生的频率。

　　评价：(4)表示 4 分；(3)表示 3 分；(2)表示 2 分；(1)表示 1 分。

1.获取与处理信息的能力

(1)能够从教科书和课堂获得所需信息。
(2)能够利用学校的信息源获得所需信息。
(3)能够从大众媒体和所有渠道获得所需信息。
(4)能够开拓创造新的信息渠道；从日常生活和工作中随时捕捉有用的信息。

2.工作与学习的方法能力

(1)能够回忆、再现学习内容。
(2)能够在一定的时间范围内独立学习。
(3)能够独立确定学习的时间、方法；能解决调试过程出现的问题。
(4)能够认识自己的缺陷并及时补救；独立决定学习进度和制定设计方案。

3.计划组织与执行能力

(1)能够解释工作过程；依据教师制定的标准检查工作任务是否完成。
(2)能够按照给定的工作计划较灵活地完成设计任务；独立评估成果。
(3)能够熟练运用所学知识技能独立制定项目工作计划。
(4)能够对复杂任务进行模块化设计并独立解决问题。

4.交流与合作能力

(1)能够参与讨论；完成小组给定的软硬件设计任务。
(2)能够在讨论中提出自己的见解；适应小组工作方式。
(3)在小组工作中态度友好，富有创新性。
(4)能够代表本专业与其他同学合作；在工作小组中活动自如。

5.心理承受力

(1)能够在教师监督下完成任务和自我评估成果；胜任较低心理要求的工作。
(2)能够胜任中等心理要求的工作。
(3)责任心更加经常化、自觉化；由于自信心等原因，能胜任较高要求。
(4)能够自觉对小组和项目负责；有完成重大任务的心理准备。

3.小组"口头汇报"行为表现评价表

小组"口头汇报"行为表现评价表

组别：　　　　　　　　　　　　　**汇报人：**

汇报内容：　　　　　　　　　　　**评价主体：**

说明：监控：监控小组代表在做口头汇报时每种行为发生的频率；

　　　　评价："4"表示行为总是发生；"3"表示行为经常发生；

　　　　"2"表示行为很少发生；"1"表示行为没有发生。

A.身体表现

a.站直,面向观众	4	3	2	1
b.面部表情随着表达内容的变化而变化	4	3	2	1
c.保持与观众眼神的交流	4	3	2	1
d.适当的手势	4	3	2	1

B.声音表现

a.说话节奏平稳,语速适当	4	3	2	1
b.用声调变化强调重点	4	3	2	1
c.声音足够大,每一位听众都能够听清楚	4	3	2	1
d.发音正确,吐字清晰	4	3	2	1

C.语言表达

a.表达时用词恰当准确	4	3	2	1
b.信息组织逻辑清晰	4	3	2	1
c.语言简练,不啰嗦	4	3	2	1
d.表达流畅,语意完整	4	3	2	1
e.能正确回答教师提问	4	3	2	1
f.回答问题及时	4	3	2	1

4.技能作品评价表

技能作品评价表

组别：　　　　　　　　　　　　　汇报人：

汇报内容：　　　　　　　　　　　评价主体：

说明：监控：监控小组代表在做口头汇报时每种行为发生的频率；

评价："4"表示行为总是发生；"3"表示行为经常发生；

"2"表示行为很少发生；"1"表示行为没有发生。

A.项目设计报告

a.小组成员能正确完整写明实验内容 　　　　　　　　　4　3　2　1

b.小组成员正确画出控制系统的硬件原理图 　　　　　　4　3　2　1

c.小组成员正确画出控制系统的软件流程图 　　　　　　4　3　2　1

d.测试结果与分析符合要求 　　　　　　　　　　　　　4　3　2　1

e.流程图和程序的设计简洁模块清晰 　　　　　　　　　4　3　2　1

f.报告文档版面清楚,格式完整 　　　　　　　　　　　4　3　2　1

g.报告文档是否体现知识拓展模块的设计 　　　　　　　4　3　2　1

h.报告文档最后写出学习小结,分析存在差距的原因 　　4　3　2　1

B.实物作品展示

a.小组成员能够操作演示并有明显的效果 　　　　　　　4　3　2　1

b.控制系统设计符合学习要求,能实现基本功能 　　　　4　3　2　1

c.控制系统的美观程度 　　　　　　　　　　　　　　　4　3　2　1

d.控制系统的设计效果有创意 　　　　　　　　　　　　4　3　2　1

1.6　学习与工作过程

工作任务背景：

本项目以开关和 LED 灯作为对象，用模拟各种开关量的输入/输出控制，以及数字量的简单处理。利用单片机制作一个模拟霓虹灯的控制系统：实现单片机上电工作时，实训电路板中的 8 个发光二极管模拟霓虹灯进行多种花样变换，并进行速度控制。单片机芯片的 I/O 口外接发光二极管和开关，可实现开关控制对彩灯的花样和速度的控制。通过对开关状态的读取与对发光管的控制，体会如何实现 I/O 端口的输入/输出，学习单片机常用指令的应用，掌握各种程序设计的方法。其在实际中的应用简单体现在：霓虹灯、舞台灯、音乐喷泉、步进电机、交通灯、继电器等音向控制的场合，在冰霜温度控制中从传感器感温对压缩机的启动控制、防盗报警器中感应开关对报警装置的报警控制、生产线上的工件计数器等等也都可把输入的信号转换成二进制的信号作为单片机的输入信号，而控制各种设备启动与停止的信号可由单片机输出的二进制信号进行放大后加以驱动来实现。

子任务一

让单片机"动"起来

1.1 学习目标

完成本环节的学习,你应当能:

(1)能叙述单片机的基本结构及各组成部件的功能;

(2)能在识别单片机各引脚的功能的前提下设计硬件电路图;

(3)能在老师指导下按照指导书熟练使用单片机开发环境;

(4)能在老师的指导下使用仿真器查看每个指令的执行结果;

(5)能在老师的指导下搭建单片机最小系统;

(6)能初步检测元器件和焊接单片机最小系统。

1.2 任务描述

设计单片机最小系统硬件电路,当单片机上电时,实现实训电路板中的1个发光二极管闪烁。

1.2.1 学习准备

引导问题 1:单片机就是把 CPU、存储器、定时器、I/O 接口电路等一些计算机的主要功能部件集成在一块集成电路芯片上的微型计算机。单片机由哪些部件组成? 89C51 单片机有哪些引脚。

1. 89C51 单片机的基本结构

89C51 单片机与 MCS−51 系列单片机完全兼容,89C51 单片机的基本结构如图 1-2 所示。请将其基本组成分类罗列出来。

(1)CPU 系统:＿＿＿＿＿＿＿＿,时钟电路,总线控制逻辑。

(2)存储器系统:＿＿＿＿＿＿,＿＿＿＿＿＿＿,特殊功能寄存器 SFR。

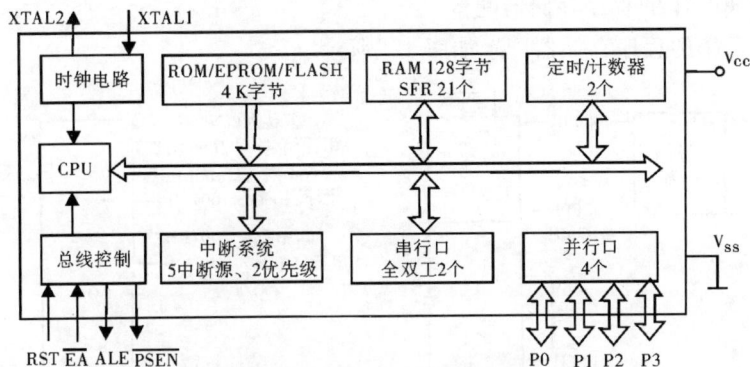

图 1-2　80C51 单片机的基本结构

（3）I/O 口和其他功能单元：＿＿＿＿＿＿＿，定时/计数器，＿＿＿＿＿＿＿，中断系统。

2. 89C51 的引脚及封装

89C51 系列单片机采用双列直插式（DIP）形式引脚封装，请按图 1-3 中，将各引脚名称填写在横线上。

（1）电源及时钟引脚（4 个）：

Vcc，＿＿＿＿＿＿，＿＿＿＿＿＿，XTAL2。

（2）控制线引脚（4 个）：

＿＿＿＿＿＿，ALE/PROG，＿＿＿＿＿＿，PSEN。

（3）并行 I/O 引脚（32 个）：

P0.0～P0.7，＿＿＿＿＿＿，＿＿＿＿＿＿，P3.0～P3.7。

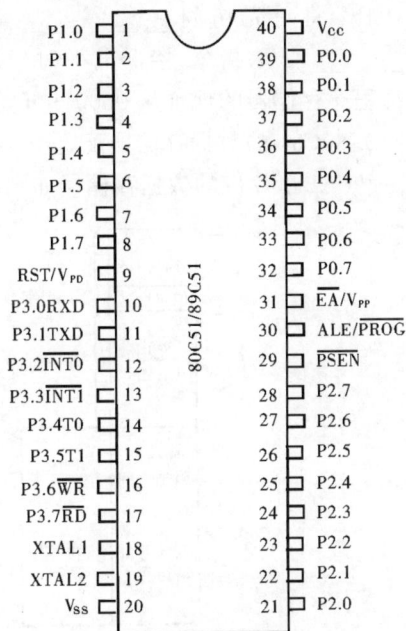

图 1-3　89C51 引脚图

引导问题 2:单片机的软件及数据如何存放？89C51 单片机的程序存储器和数据存储器的片内和片外存储空间分别有多大？如何对所访问的片内和片外程序存储器进行选择？

13

1. 80C51 的程序存储器配置

89C51 的程序存储器配置如图 1-4 所示。

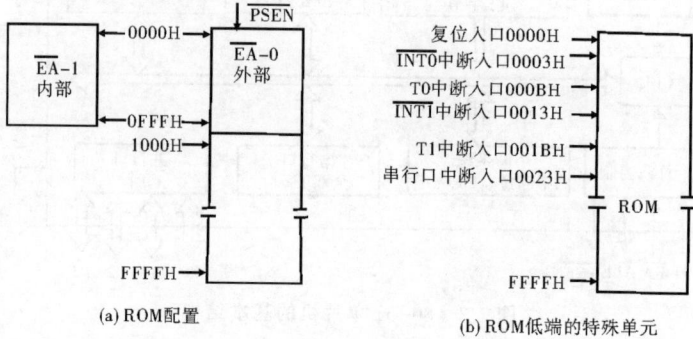

(a) ROM配置　　　　(b) ROM低端的特殊单元

图 1-4　89C51 **程序存储器配置**

80C51 的 EA 引脚为访问内部或外部程序存储器的选择端。接高电平时,CPU 将首先访问＿＿＿＿＿＿,当指令地址超过 0FFFH 时,自动转向＿＿＿＿＿＿去取指令;接低电平时(接地),CPU 只能访问外部程序存储器。外部程序存储器的地址从 0000H 开始编址。

2. 80C51 的数据存储器配置

89C51 单片机的数据存储器如图 1-5 所示。

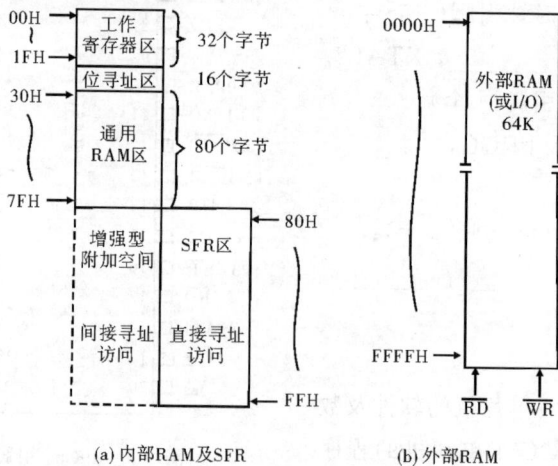

(a) 内部RAM及SFR　　　　(b) 外部RAM

图 1-5　89C51 **单片机数据存储器配置**

80C51 单片机的数据存储器分为片外 RAM 和片内 RAM 两大部分。

80C51 片内 RAM 共有 128 字节,分成 _____、_____、_____ 三部分。

单片机片内 RAM 地址范围是_____。

片外 RAM 地址空间为 64 KB,地址范围是_____。

访问片外 RAM 时使用专门的指令_____;而访问片内 RAM 使用_____指令。

(1)工作寄存器区

89C51 单片机片内 RAM 的低端 32 个字节分成 4 个工作寄存器组,每组占 8 个单元。按表 1-1,请说出 80C51 单片机工作寄存器地址。

寄存器 0 组:_____;

寄存器 1 组:_____;

寄存器 2 组:_____;

寄存器 3 组:_____。

当前工作寄存器组的选择由特殊功能寄存器中的程序状态字寄存器 PSW 的 RS1、RS0 来决定。可以对这两位进行编程,以选择不同的工作寄存器组。工作寄存器组与 RS1、RS0 的关系及地址如表 1-1 所示。

表 1-1　80C51 单片机工作寄存器地址表

组号	RS1	RS0	R7	R6	R5	R4	R3	R2	R1	R0
0	0	0	07H	06H	05H	04H	03H	02H	01H	00H
1	0	1	0FH	0EH	0DH	0CH	0BH	0AH	09H	08H
2	1	0	17H	16H	15H	14H	13H	12H	11H	10H
3	1	1	1FH	1EH	1DH	1CH	1BH	1AH	19H	18H

(2)位寻址区:内部 RAM 的 20H 至 2FH 共 16 个字节是位寻址区。其 128 位的地址范围是_____。

(3)通用 RAM 区:位寻址区之后的_____共 80 个字节为通用 RAM 区。

引导问题 3:让单片机工作过程如何进行? 构成单片机最小系统还得准备哪些电路? 单片机什么时候执行复位操作? 复位后的状态是什么?

1. 80C51 的时钟电路

单片机的工作过程是:取一条指令、译码进行微操作,再取一条指令、译码进行微操作,自动地、一步一步地由微操作依序完成相应指令规定的功能。各指令的微操作在时间上有严格的次序,这种微操作的时间次序称作时序。单片机的时钟信号用来为单片机芯片内部的各种微操作提供时间基准。

根据单片机产生时钟方式的不同,可将 80C51 单片机的时钟信号分为两种:一是内部时钟方式,二是外部时钟方式。请将正确的名称填写在对应的横线上。

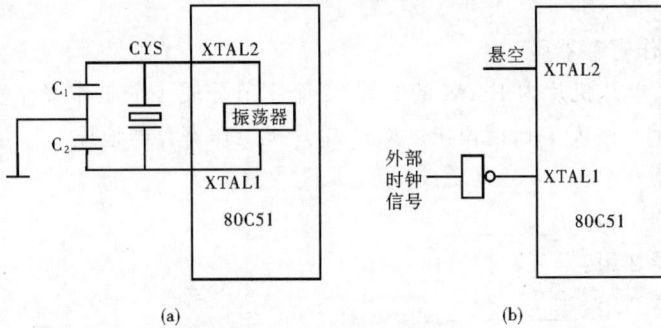

图 1-6 单片机的时钟方式

如图 1-6(a)所示为_____。如图 1-6(b)所示为_____。

2. 89C51 的时序单位

请查阅相关资料,根据图 1-7 所示,说明各时序的关系? 计算各周期的时间?

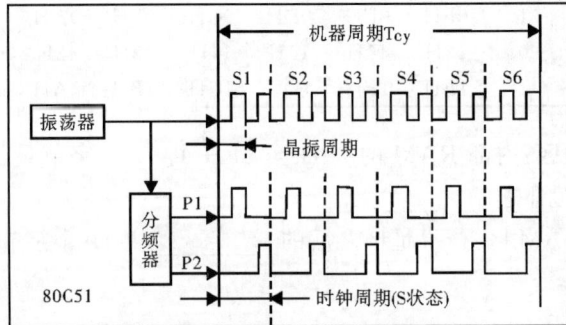

图 1-7 89C51 单片机的时钟信号

石英晶体振荡器的频率为 $f_{osc}=12$ MHZ,则

时钟周期$=1/f_{osc}=1/12$ MHZ$=$_____ μs;

状态周期$=2$ 时钟周期$=$_____ μs;

16

机器周期＝12 时钟周期＝_____ μs；

指令周期＝(1－4)机器周期＝_____ μs。

3. 80C51 的复位电路

单片机上电时,使单片机内部各寄存器处于一个确定的初始状态,以便进行下一步操作。单片机的工作就是从复位开始的。

当在 80C51 单片机的 RST 引脚引入高电平并保持 2 个机器周期时,单片机内部就执行复位操作(如果 RST 引脚持续保持高电平,单片机就处于循环复位状态)。单片机的复位方式有上电复位和上电与按键均有效的复位两种,开机复位电路如图 1-8(a)所示。请将正确的名称填写在对应的横线上。

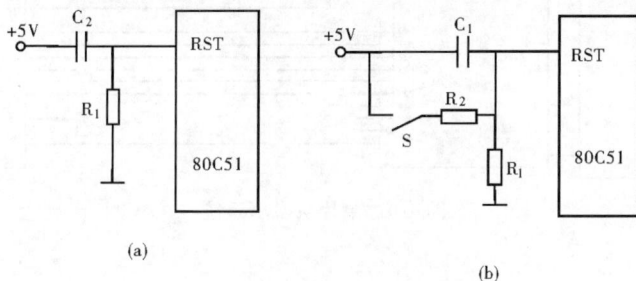

图 1-8 80C51 单片机的复位电路

如图 1-8(a)所示为_____。如图 1-8(b)所示为_____。

4.复位后各寄存器的状态

请使用仿真器验证复位后各寄存器的状态,并将复位过程和结果填写在横线上：

单片机上电时,按_____引入高电平并保持_____个机器周期时,单片机内部就执行复位操作。

单片机的复位操作使单片机进入初始化状态。初始化后,程序计数器 PC ＝0000H,所以程序从_____地址单元开始执行。

特殊功能寄存器复位后的状态是确定的。请将你所观察到的复位结果填写在横线上。

P0～P3 为_____,SP 为_____,SBUF 不定,IP 为_____,IE 为_____,PCON 为 0,其余的特殊功能寄存器的状态均为_____。

5. 80C51 型单片机的最小系统

80C51 型单片机的最小系统,即使单片机能运行的最少器件构成的系统。

无 ROM 芯片:8031 必须扩展 ROM,复位、晶振电路。

有 ROM 芯片:89c51 等,不必扩展 ROM,只要有复位、晶振电路。

小练习:请把下面单片机最小系统电路组成图填完整(图 1-9)。

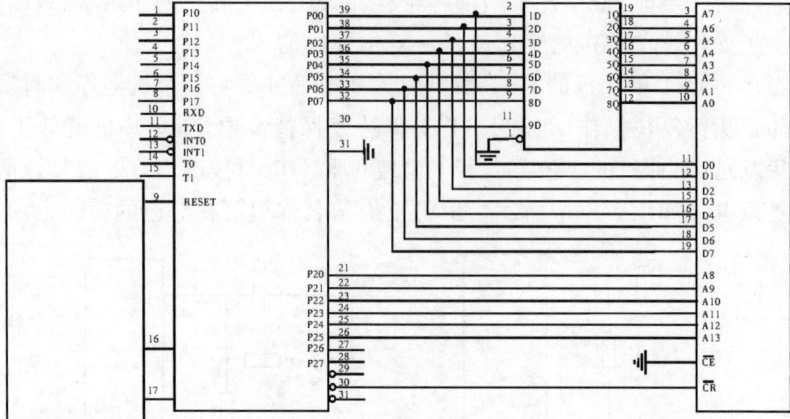

图 1-9　单片机最小系统

1.2.2　工作计划

本部分将学习单片机最小系统电路板的设计与制作,并在电路板上实现一盏灯的亮灭效果。

引导问题 4:实现实训电路板中的 1 个发光二极管闪烁的单片机最小系统工作起来需要的基本电路有 ＿＿＿＿＿＿ 和 ＿＿＿＿＿＿ ,请画出实现用单片机最小系统控制 1 个发光二极管闪烁的电路原理图。

引导问题 5:通过程序设计能实现使与发光二极管连接的引脚输出的电平变高或变低,程序的编写从流程图开始,请根据工作计划做出实现一个彩灯亮灭的程序流程图。作图时,可选用下面图所示的图例,但最好自己设计或选择。

18

1.绘制程序流程图

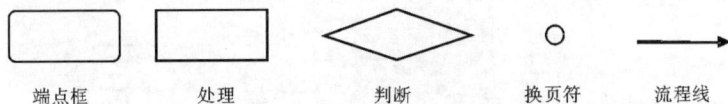

端点框　　　处理　　　　判断　　　　换页符　　　流程线

图 1-10　流程图中常用的图形符号

请将下面的程序流程图填写完整：

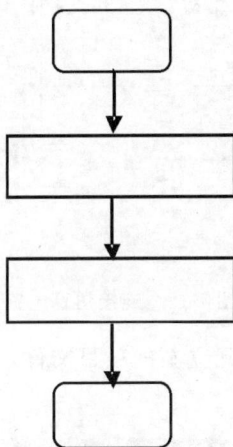

图 1-11

2.程序设计

以下是实现与 P1.0 连接的发光二极管亮灭闪烁的程序，请查阅相关资料，按照程序流程图，在对应的指令功能写在横线上：

ORG 0000H　　　　　；＿＿＿＿＿＿＿＿

CLR P1.0　　　　　　；＿＿＿＿＿＿＿＿

SETB P1.0　　　　　；＿＿＿＿＿＿＿＿

END　　　　　　　　；＿＿＿＿＿＿＿＿

1.2.3　任务实施

分组讨论，按确定的方案分工独立开展工作，完成以下操作。

1.软件仿真

(1)启动电子设计系统 Proteus，新建一个设计文件，按如图 1-12 所示。

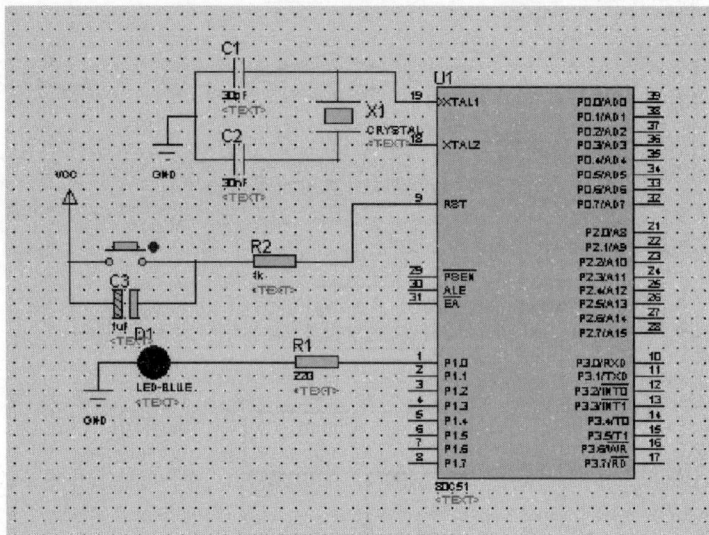

图 1-12　连接仿真电路

（2）运行 Keil uVision3，建立新的项目文件，并在如图 1-13 所示的仿真选项中选择联调模式。

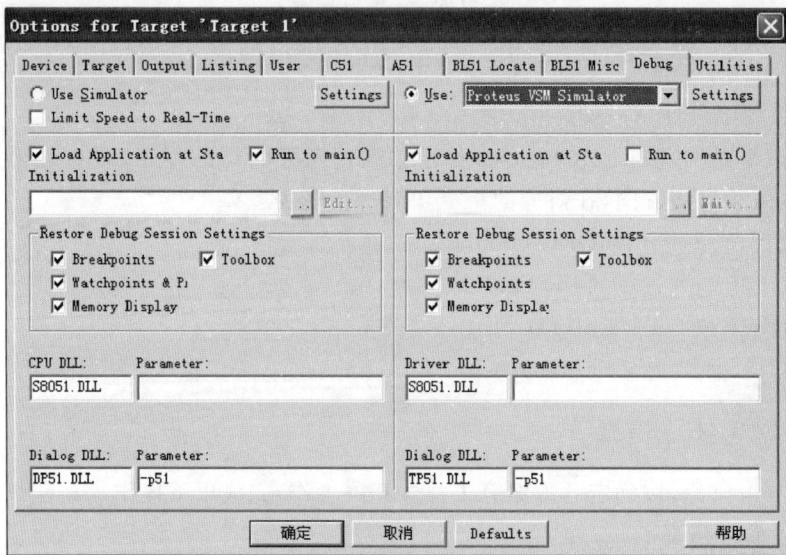

图 1-13　在 Keil **项目中设置为与** proteus **联调**

(3)新建 asm 文件,编写程序并编译。

(4)按下调试按钮 ⊕ ,与 proteus 连接成功后,按下 ▤ 按钮,运行程序。

请查阅相关资料,思考调试的观测点和所采取的调试方法?

若程序正确无误,请记录你所观察到的结果。

若程序出现错误,请观察信息窗口中的信息并思考为什么?

2.搭建硬件电路

(1)请采用可用的资源,在教师提供的元器件库中选择,并为元件选择正确参数,完成以下设备清单:

表 1-2

序号	元件名称	规格	数量
1	89C51 单片机		
2	晶振		
3	起振电容		
4	复位电容		
5	复位电阻		
6	限流电阻		
7	发光二极管		
8	DIP 封装插座		

(2)制作电路板。

3.将程序烧写到 51 芯片中,在制作的电路板上运行调试,直到功能实现。

4.完成设计报告。

1.2.4 成果检查

在整个过程中依据教师提供的评价标准,检查本小组设计作品是否符合要求地完成了工作任务:单片机最小系统能否正常工作,本设计是否能实现控制 LED 灯的亮灭。

1.2.5 学业评价

(1)小组中一位成员展示制作完成的小作品,小组给出自评成绩。

(2)小组一位成员介绍一下小作品制作的思路和需要用到的理论知识,并回答教师的提问。

（3）结合小组所提交的设计项目,根据学习过程按任务要求独立完成的情况;本任务的实物设计作品;以及项目报告的完成情况等,由教师与学生共同评价小组的工作情况,并根据每人完成的复杂程度及创新程度给以鼓励。

（详见学习任务一学业评价表）

子任务二

彩灯依次点亮实现跑马灯效果

1.1　学习目标

完成本环节的学习,你应当能:

(1)学生能使用不同的寻址方式实现数据的传送;

(2)学生能在老师的指导下编写简单的汇编语言指令;

(3)学生在老师指导下按照指导书熟练使用单片机开发环境;

(4)学生能在老师的指导下使用逻辑运算类指令设计多种方案实现跑马灯效果;

(5)学生能在老师的指导下熟练使用仿真器验证指令的执行结果;

(6)学生能对元器件进行选取型并熟练搭建单片机最小系统。

1.2　任务描述

利用 P1 口外接的 8 只 LED 发光二极管模拟彩灯。单片机上电工作时,实训电路板中的 8 个发光二极管按照从 P1.0 到 1.7 的顺序依次点亮,循环不止。常见的彩灯模式有:流水式彩灯、追逐式彩灯、累积式彩灯、开幕式与闭幕式彩灯以及将上述模式组合而成的复合式彩灯。

1.2.1　学习准备

引导问题 1:发光二极管能够按某种规律发光所满足的条件? 如何编写一条指令?

1.功能分析

当 P1.0～P1.7 中的某端口为低电平时,对应的发光二极管亮,为高电平灭。只要控制 P1 口各位的电平状态,就可以控制 8 只 LED 的亮与灭。

使（P1）＝01010101B＝55H，＿＿＿＿＿四只 LED 亮，＿＿＿＿＿四只 LED 灭，从效果上看亮与灭是相间隔的；

反之，使（P1）＝10101010B＝AAH，则 ＿＿＿＿＿ 四只 LED 亮，＿＿＿＿＿四只 LED 灭。

若反复以一定时间间隔不断从 P1 口轮流输出 55H 和 AAH，则 P1 口上八只 LED 会呈现流水彩灯的效果。

2.汇编语言指令的编写

汇编语言的格式如下：

［标号：］操作码助记符［第一操作数］［，第二操作数］［；注释］

请学习指令的相关符号意义，选择 MOV 操作符写出实现以下功能的指令。

MOV ＿＿＿＿＿，＿＿＿＿＿；（P1）＝01010101B＝55H

MOV ＿＿＿＿＿，＿＿＿＿＿；（P1）＝10101010B＝AAH

引导问题 2：设计了单片机最小系统，赋予什么样的软件，能实现流水式彩灯效果？

请观察 55H 和 AAH 两个数据的特点，并用逻辑运算类指令实现。

逻辑运算类指令：

逻辑运算指令包括与、或、非 3 类，还包括累加器清 0、取反及移位。请说明运算指令的功能。

逻辑与常用于＿＿＿＿＿某些位。

逻辑与常用于对某些指定的位＿＿＿＿＿。

逻辑异或指令常用丁对某些指定位进行＿＿＿＿＿操作。

已知累加器 A 中存放 55H，把直接地址 20H 里的数据转换为 55H 的指令，请查阅相关材料，指出指令的执行结果。

方法一：　　MOV A，#55H；＿＿＿＿＿

　　　　　　MOV 20H ，A；＿＿＿＿＿

方法二：　　MOV A，#55H；＿＿＿＿＿

　　　　　　ANL 20H，A；＿＿＿＿＿

　　　　　　ORL 20H，A；＿＿＿＿＿

引导问题 3：能实现发光二极管亮和灭的数据在单片机中存放在什么地方？CPU 如何得到它们，运算结果怎么传送给与发光二极管连接的 P1 口？

单片机的程序运行结果是如何传送给发光二极管的？

1.寻址方式

单片机的程序运行结果是按某种寻址方式,寻址方式指 CPU 寻找操作数或操作数地址的方法。在 51 单片机指令系统中,有七种寻址方式,分别是:立即数寻址,＿＿＿＿＿＿,寄存器寻址,＿＿＿＿＿＿,变址寻址,＿＿＿＿＿＿,位寻址。

(1)立即数寻址:在指令中直接给出操作数的寻址方式称为立即寻址。

采用立即数寻址可以把立即数 55H 送 P1 口,就有 4 只 LED 亮起来。

请根据指令 MOV P1,♯55H 的示意图 1-14,说出执行指令后特殊功能寄存器 P1 中的数据？

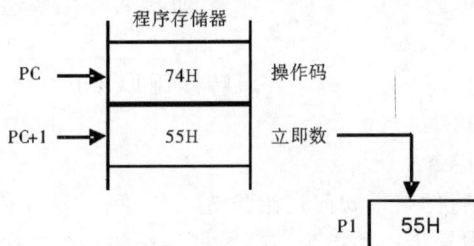

图 1-14　立即数寻址示意图

(2)直接寻址

指令中直接给出操作数所在的存储器地址,以供取数或存数的寻址方式称为直接寻址。在 MCS－51 单片机指令系统中,直接寻址方式中可以访问 3 种存储器空间,分别是:内部 RAM 的低 128 个字节单元,＿＿＿＿＿＿,位地址空间。

采用直接寻址执行指令 MOV P1,A;可以把累加器 A 中的数据 55H 送 P1 口,也能实现 4 只 LED 亮起来。

请查阅相关资料,画出 MOV P1,A 的寻址示意图。

以下提供两种从 P1 口轮流输出 55H 和 AAH,实现彩灯的流动效果的控制程序,请在横线上指出该指令所使用的寻址方式。

①将立即数送 P1 口的程序

ORG　0000H 　　　　　;定义程序从程序存储器 0000H 单元
　　　　　　　　　　　　开始存放

LOOP：MOV P1，♯55H 　　;立即数 55H 送 P1 口，4 只 LED 亮
　　　　　　　　　　　　采用_____寻址

SJMP LOOP 　　　　　;原地踏步

END 　　　　　　　　;程序结束

②通过累加器 A 控制 P1 口的程序

ORG 0000H

LOOP：MOV A，♯0AAH 　　;将立即数 AAH 送累加器 A

MOV P1，A 　　　　;累加器 A 中的数送 P1 端口
　　　　　　　　　　　采用_____寻址

SJMP LOOP 　　　　;转移到 LOOP

END

2.数据传送类指令

单片机程序运行的结果如何送给发光二极管,方法是使用指令系统中最活跃、使用最多的数据传送类指令。按数据传送类指令的操作方式,又可把传送类指令分为 3 种类型:数据传送、_____和堆栈操作。

内部数据传送指令:

内部数据传送使用的助记符是 MOV,请根据图 89C51 单片机片内数据传送图,写出相应的指令功能,分析程序运行结果,并使用 WAVE 仿真器验证。

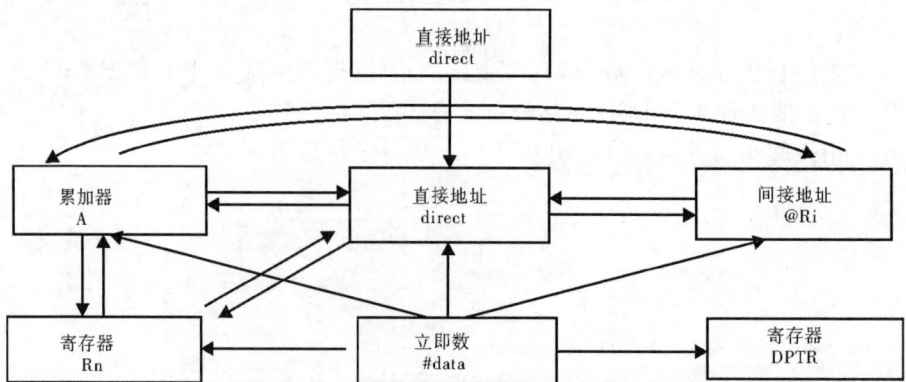

图 1-15　89C51 单片机片内数据传送图

设(30H)＝040H,(40H)＝20H,(20H)＝0FFH,(P1)＝55H。

MOV R0,＃30H ;_____

MOV A,@R0

MOV R1,A

MOV B,@R1

MOV @R1,P1

MOV 10H,＃20H

MOV 30H,10H

执行以个程序段后,(A)＝(R1)＝_____,(B)＝_____,(40H)＝_____,(30H)＝(10H)＝_____。

引导问题4:是什么办法使P1.0到P1.7所连接的发光二极管依次点亮,实现一盏灯的流动效果。

对于与P1.0～P1.7连接的8个发光二极管,当某个引脚输出低电平时,则发光二极管上有电流流过,发光二极管发光,为实现一盏灯轮流点亮,你选择_____指令。请根据以下执行示意图,写出实现对应功能的指令。

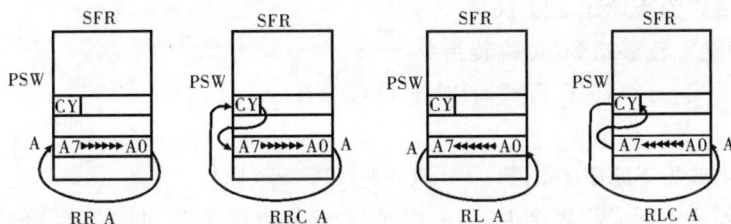

图 1-16 循环移位指令执行示意图

向左流动:_____

向右流动:_____

1.2.2 工作计划

引导问题5:在电路板上如何实现8个发光二极管按照从P1.0到1.7的顺序依次亮起来,请在单片机最小系统上画出实现相应功能的电路原理图。

引导问题 6：使用单步运行操作，可以让 8 个发光二极管实现流动效果，使用连接运行操作，结合控制转移类指令，可以控制程序执行走向，实现彩灯按照从 P1.0 到 1.7 的顺序依次亮起来了。如何编写控制转移类指令？

控制转移类指令：

控制转移类指令有无条件转移、条件转移、调用和返回两种，请查阅相关资料，将转移指令的转移范围填写在横线上，有＿＿＿＿＿＿＿＿范围内的长调用、长转移指令；有＿＿＿＿＿＿＿＿范围内的绝对调用和绝对转移指令；有全空间的长相对转移及一页范围内的短相对转移指令。

请查阅有相资料，把对应的功能写在横线上。

（1）长跳转指令

其格式为 LJMP addr16；＿＿＿＿＿＿＿＿

（2）绝对转移指令（短跳转指令）

其格式为：AJMPaddr11；PC ←(PC)＋2，＿＿＿＿＿＿＿＿

（3）相对转移指令

其格式为 SJMP rel ；PC ←(PC)＋2，PC ←(PC)＋ rel ；

在等待中断或程序结束，常采用使"程序原地踏步"的办法，请写出实现相应功能的指令

HERE：＿＿＿＿＿＿＿

或 HERE：SJMP ＄

在本例中的彩灯控制系统中，你将选择哪一种无条件转移指令。请说明原因。

_____

请根据以下实现一个彩灯亮灭的程序流程图，说明彩灯控制的过程。

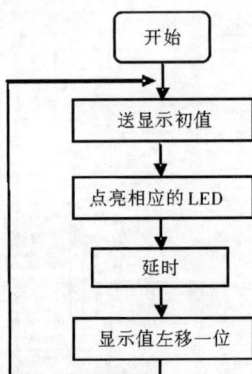

```
          ┌──────────┐
          │   开始   │
          └────┬─────┘
               │
   ┌───────────▼──────────┐
   │   ┌──────────────┐   │
   │   │  送显示初值   │   │
   │   └──────┬───────┘   │
   │          │           │
   │   ┌──────▼───────┐   │
   │   │ 点亮相应的LED │   │
   │   └──────┬───────┘   │
   │          │           │
   │   ┌──────▼───────┐   │
   │   │    延时      │   │
   │   └──────┬───────┘   │
   │          │           │
   │   ┌──────▼───────┐   │
   │   │  显示值左移一位 │   │
   │   └──────┬───────┘   │
   └──────────┘
```

图 1-17

以下是实现与 P1.0 连接的发光二极管亮灭闪烁的程序,请查阅相关资料,按照程序流程图,完成将程序写完整,并在对应的指令功能写在横线上:

MOV A,♯0FEH   ;_____

START:MOV P1 , A   ;_____

ACALL DELAY   ;本指令实现延时一段时间,便于观察

RL A   ;_____

_____   ;返回,从 START 开始重复

1.2.3 任务实施

分组讨论,按确定的方案分工独立开展工作,完成以下操作。

1.软件仿真

(1)启动电子设计系统 Proteus,新建一个设计文件,按如图 1-18 所示。

(2)运行 Keil uVision3,建立新的项目文件,并在如图 1-18 所示的仿真选项中选择联调模式。

(3)新建 asm 文件,编写程序并编译

(4)按下调试按钮 @,与 proteus 连接成功后,按下按钮 ▣,运行程序。

请查阅相关资料,思考调试的观测点和所采取的调试方法?

若程序正确无误,请记录你所观察到的结果。

_____

若程序出现错误,请观察信息窗口中的信息并思考为什么?

_____

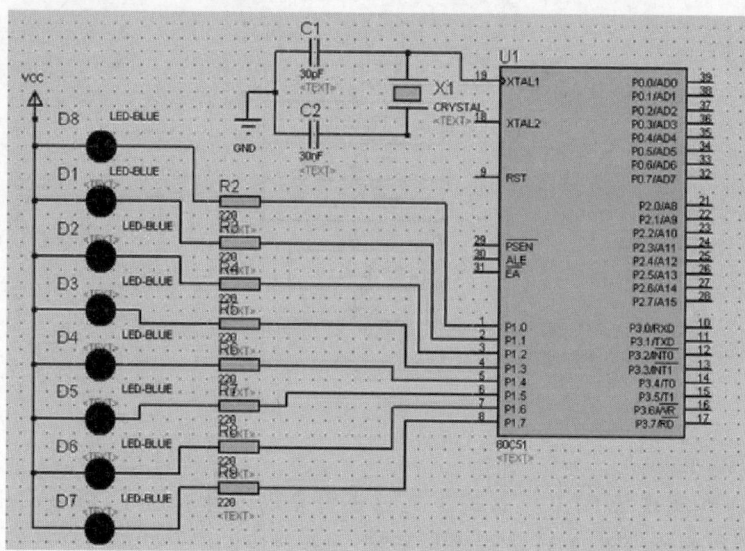

图 1-18　连接仿真电路

2.搭建硬件电路

(1)请采用可用的资源,在教师提供的元器件库中选择,并为元件选择正确参数,完成以下设备清单。

表 1-3

序号	元件名称	规格	数量
1	89C51 单片机		
2	晶振		
3	起振电容		
4	复位电容		
5	复位电阻		
6	限流电阻		
7	发光二极管		
8	DIP 封装插座		

(2)制作电路板。

3.将程序烧写到 51 芯片中,在制作的电路板上运行调试,直到功能实现。

4.完成设计报告。

1.2.4　成果检查

在整个过程中依据教师提供的评价标准,检查本小组设计作品设计过程使用了哪些寻址方式,汇编语言指令格式是否正确,程序的流程跳转是否正常,小组设计的单片机系统是否能实现控制 LED 灯的亮灭、实现跑马灯效果等花样变换、实现开关控制,能实现多少种跑马灯效果。

1.2.5　学业评价

(1)小组中一位成员展示制作完成的小作品,小组给出自评成绩。

(2)小组一位成员介绍一下小作品制作的思路和需要用到的理论知识,并回答教师的提问。

(3)结合小组所提交的设计项目,根据学习过程按任务要求独立正确地完成;完成本任务的设计作品;以及项目报告的完成情况等,由教师与学生共同评价小组的工作情况,并根据每人完成的复杂程度及创新程度给以鼓励。

(详见学习任务一评价表)

子任务三

编写彩灯控制系统花样变换程序

1.1 学习目标

完成本环节的学习,你应当能:

(1)学生能按程序编制的步骤对项目进行方案设计;

(2)学生能在老师指导下熟练使用结构化程序设计;

(3)学生能在老师指导下编写和调试更复杂的程序;

(4)学生能使用循环结构设计不同延时效果;

(5)学生能进行子程序的调用与返回;

(6)学生能在没有老师的指导下熟练使用单片机开发系统。

1.2 任务描述

单片机上电工作时,实训电路板中的 8 个发光二极管每个灯闪烁点亮 10 次(间隔 1 秒),再转移到下一个灯闪烁点亮 10 次。

1.2.1 学习准备

引导问题 1:彩灯控制系统花样变换程序如何编写?

程序编制的步骤:

(1)任务的分析。

(2)进行算法的优化。

思考控制某个灯闪烁 10 次(不加延时)的算法有几种,请列举。

---

(3)程序总体设计及流程图绘制。

请根据步骤(2)的最优算法,画出写出让每个灯依次闪烁 10 次(不加延时)的子程序程序流程图。

（4）汇编：将编写好的源程序翻译为计算机所能识别执行的机器语言程序，即目标程序。

请确定彩灯亮灭所需要的时间，进行延时子程序设计，并进行仿真调试，测试子程序的延时时间是否符合设计要求。

（5）调试：输入给定的数据，让程序运行起来，检查程序运行是否正常，结果是否正确。

引导问题 2：在上个任务的基础上，设计 8 个发光二极管每个灯闪烁点亮 10 次效果，如何实现这种按某种控制规律重复执行的效果。

1.循环结构程序设计

循环程序的结构特点是利用转移指令反复运行需要多次重的程序段。

循环程序一般包括以下几个部分：

（1）循环初值；

（2）循环体；

（3）循环修改；

（4）循环控制。

循环程序有先执行后判断和先判断后执行两种基本结构，如图 1-19 所示。

请根据图 1-19 两种循环结构，理解上个任务实训中用到的延时程序（DELAY），请说明程序用哪一种循环结构？并将指令功能填写在横线上

```
DELAY:          MOV R3,#200 ;_____
DEL2:           MOV R4,#123 ;_____
DEL1:           NOP          ;_____
                NOP          ;_____
                DJNZ R4,DEL1 ;_____
                DJNZ R3,DEL2 ;_____
                RET
```

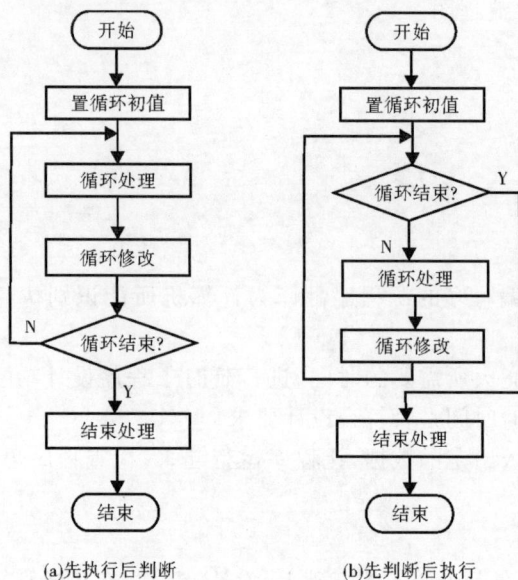

(a)先执行后判断　　　　　　(b)先判断后执行

图 1-19　循环结构流程图

2.延时程序中延时时间的设定

DELAY：　　　　　MOV R3,♯(X)H ;1T 机器
DEL2：　　　　　　MOV R4,♯(Y)H ;1T 机器
DEL1：　　　　　　NOP ;1T 机器
　　　　　　　　　NOP　　　　　　 ;1T 机器
　　　　　　　　　DJNZ R4,DEL1 ;2T 机器
　　　　　　　　　DJNZ R3,DEL2 ;2T 机器
　　　　　　　　　RET

指令周期、机器周期与时钟周期的关系(假设晶振 fosc 为 12MHZ)

T 机器＝12T 时钟＝12×1/fosc＝1μs

延时时间的简化计算:(1＋1＋2)×X×Y

请计算上一个延时程序的延时时间是多少？若想延时 100 ms,计数初始值,如何修改？

_____

_____

_____

引导问题 3：对于需要执行同样操作的设计，可以用循环结构实现，本设计可以把每个灯闪烁 10 次的指令编写在子程序中，子程序如何编写？如何被不同程序或同一程序反复调用呢？

1.子程序的调用

对 8 个彩灯的循环点亮，每个灯闪烁 10 次，可以将这些能完成某种基本功能的程序段单独编制成子程序，以供不同程序或同一程序反复调用。

子程序调用有长调用指令 LCALL 和绝对调用指令 ACALL 两条。请查阅子程序设计相关资料，说明以下两件子程序调用指令的功能和范围？

（1）绝对调用指令

ACALL addr11 ；_____

（2）长调用指令

LCALL addr16 ；_____

2.返回指令

子程序返回指令 RET。

这条指令的功能是：恢复断点，将调用子程序时压入堆栈的下一条指令的首地址取出送入 PC，使程序返回主程序继续执行。

1.2.2　工作计划

引导问题 4：本部分实现实训电路板中的 8 个发光二极管每个灯闪烁点亮 10 次（间隔 1 秒），再转移到下一个灯闪烁点亮 10 次。请画出在任务一单片机最小系统的基础上画出电路原理图。

引导问题 5：每个灯闪烁点亮 10 次的程序又调用延时子程序，为嵌套调用。请根据工作计划，结合图 1-18 的子程序流程图，画出 8 个发光二极管每个灯闪烁点亮 10 次（间隔 1 秒），再转移到下一个灯闪烁点亮 10 次的程序流程图。

引导问题 6：请查阅相关资料，按照主程序流程图，将实现 8 个发光二极管每个灯闪烁点亮 10 次（间隔 1 秒），再转移到下一个灯闪烁点亮 10 次的程序填写完整，并在对应的指令功能写在横线上：

```
SHIFT：MOV A,♯01H          ；置灯亮初值
        RL A               ；左移一位
        SJMP SHIFT         ；循环
FLASH：MOV R2,_____      ；置闪烁次数
FLASH1：MOV P1,A            ；点亮
        LCALL DY1s         ；_____
        MOV P1,♯00H        ；熄灭
        LCALL DY1s         ；延时 1s
        _____   ；闪烁 10 次
        RET                ；_____
```

延时子程序可根据延时长短，自行编写。

请思考：ACALL DELAY 与延时程序是什么关系？

SJMP START 与 START（标号）又是什么关系？

1.2.3　任务实施

分组讨论，按确定的方案分工独立开展工作，完成以下操作。

1.软件仿真

（1）启动电子设计系统 Proteus，打开子任务二所设计的文件设计图 1-17。

（2）运行 Keil uVision3，建立新的项目文件，并在如图 1-12 所示的仿真选项中选择联调模式。

（3）新建 asm 文件，编写程序并编译

(4)按下调试按钮 @，与 proteus 连接成功后，按下按钮 国，运行程序。

请查阅相关资料,思考调试的观测点和所采取的调试方法?

若程序正确无误,请记录你所观察到的结果。

若程序出现错误,请观察信息窗口中的信息并思考为什么?

2.搭建硬件电路

(1)请采用可用的资源,在教师提供的元器件库中选择,并为元件选择正确参数,完成以下设备清单。

表 1-4

序号	元件名称	规格	数量
1	89C51 单片机		
2	晶振		
3	起振电容		
4	复位电容		
5	复位电阻		
6	限流电阻		
7	发光二极管		
8	DIP 封装插座		

(2)制作电路板。

3.将程序烧写到 51 芯片中,在制作的电路板上运行调试,直到

4.完成设计报告。

1.2.4　成果检查

在整个过程中依据教师提供的评价标准,检查本小组设计作品是否符要求地完成了工作任务。能否选择正确的结构进行程序设计,延时程序的时间设计是否正确,能否在分析复杂程序的基础上设计子程序,设计的程序算法是否优化。

1.2.5　学业评价

(1)小组中一位成员展示制作完成的小作品,小组给出自评成绩。

(2)小组一位成员介绍一下小作品制作的思路和需要用到的理论知识,并回答教师的提问。

（3）结合小组所提交的设计项目，根据学习过程按任务要求独立正确地完成；完成本任务的设计作品；以及项目报告的完成情况等，由教师与学生共同评价小组的工作情况，并根据每人完成的复杂程度及创新程度给以鼓励。

（详见学习任务一学业评价表）

子任务四

用开关控制彩灯不同的流动效果

1.1 学习目标

(1)学生能按使用条件转移灯指令对设计方案的不同流程进行选择;

(2)学生能在老师指导下熟练使用结构化程序设计;

(3)学生能在老师指导下画出比较复杂的程序流程图;

(4)学生能用单片机的并行口的不同功能进行程序设计;

(5)学生能采用位操作控制 LED 灯的不同设计效果。

1.2 任务描述

单片机上电时,当开关拨上时,彩灯快速向左流动,开关拨下时,彩灯慢速向右流动。

1.2.1 学习准备

引导问题 1:开关拨上和拨下时的电平是什么,如何判断?控制彩灯的流动效果的条件如何选择?

条件转移指令:

条件转移就是程序转移是有条件的。执行条件转移指令时,如指令中规定的条件满足,则进行程序转移,否则程序顺序执行。由于该类指令采用相对寻址,因此程序可在以当前 PC 值为中心的_____范围内转移。可以分为累加器判零条件转移指令、比较条件转移指令和减 1 条件转移指令三类。

请查阅相关资料,选择实现以下功能的指令中应选择哪一种转移指令,并说明原因。

子任务 1:以上个任务的电路为例,判断 A 中的数据,若 A=0,则 P1 口连接的 8 个二极管全部点亮,否则全灭。

判断 A 中的数据是否为 0,你会选择_____指令,请说明理由。

_____

_____

请将以下实现相应功能的参考程序中填写完整。

```
        ORG 0000H
                     ;A＝0,流程转到 L1
        MOV P1，＃0FFH;A≠0,向 P1 口传送 0FFH,灯全灭
        SJMP L2
L1：    MOV P1,＃00H  ;A＝0,向 P1 口传送 00H,灯全亮
        SJMP ＄        ;程序结束
        END
```

子任务 2:当 P1 口输入为 3AH 时,程序继续进行,否则等待,直至 P1 口出现 3AH。

判断 P1 口是否为 3AH? 你会选择_____指令,请说明理由。

_____

_____

请将以下实现任务的指令填写完整。

参考程序如下:

```
MOV A，＃3AH              ;立即数 3A 送 A;
_____                   ;(P1)≠3AH,则等待。
```

子任务 3:大家熟悉的延时程序使用减 1 不为 0 转移指令,实现程序循环的控制过程。程序循环的控制过程。可以使用减 1 非零转移指令,预先把寄存器 Rn 或内部 RAM 单元 direct 赋值循环次数,则利用减 1 条件转移指令,以减 1 后是否为 0 作为转移条件,即可实现按次数控制循环。

请将以下实现延时的程序指令填写完整。

```
DELAY：    MOV R3,＃0FFH    ;1T 机器
DEL1：     MOV R4,＃0FFH    ;1T 机器
           _____          ;2T 机器
           _____          ;2T 机器
           RET
```

引导问题 2:彩灯的流动的条件,即开关拨上,拨下,对于与开关连接的 P3.2,拨上即为高电平,拨下即为低电平。如何接收彩灯流动的命令呢?

位操作类指令:

先读取与 P3.2 引脚连接的开关状态,再决定彩灯的流动效果。由拨动开关模拟对彩灯控制的命令。

请查阅位操作的相关资源,说明以下两类位转移的功能

(1)判 CY 转移指令:

JC rel　　　　　　　;_____

JNC rel　　　　　　;_____

(2)判位地址转移指令:

JB bit ,rel　　　　　;_____

JBC bit ,rel　　　　;_____

JNB bit ,rel　　　　;_____

如果要根据 P3.2 引脚的状态进行判断,选择一种执行操作,你将选择位操作中的_____指令,请写出实现相应功能的指令,并说明原因。

1.2.2　工作计划

引导问题 3:通常情况下,程序的执行是按照指令在程序存储器中存放的顺序进行的,但本任务中,执行过程需要改变程序的执行顺序,即彩灯的不同流动效果,如何选择?

选择分支结构程序设计:

选择分支结构可以分成单分支、双分支和多分支几种情况。如图 1-20 (a)、(b)、(c)所示。

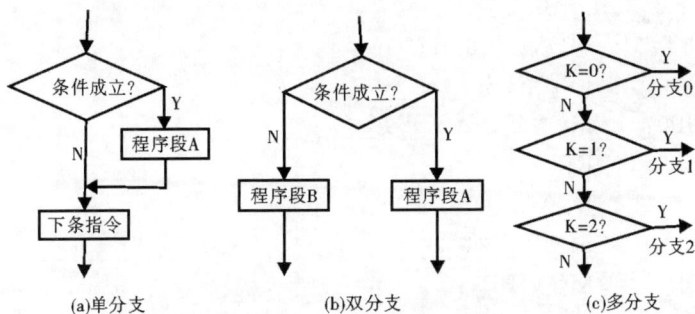

图 1-20　程序分支结构图

请查阅分支结构的相关资料,根据图 1-20 程序分支结构图画出实现当开关拨上时,彩灯快速向左流动,开关拨下时,彩灯慢速向右流动效果的程序流程图。

引导问题 4:本部分将学习单片机最小系统电路板的设计与制作,并在电路板上单片机上电时,当开关拨上时,彩灯快速向左流动,开关拨下时,彩灯慢速向右流动的控制效果。

1.硬件电路图

请画出在任务三单片机最小系统的基础上画出电路原理图

2.程序设计

以下是实现当开关拨上时,彩灯快速向左流动,开关拨下时,彩灯慢速向右流动的控制效果,请查阅相关资料,将程序写完整,并在对应的指令功能写在横线上:

```
SHIFT:      MOV A,＃01H
            JNB P3.3 ,_____              ;_____
LOOP0:      MOV P1,A
            RR  A
            LCALL DELAY
            SJMP _____                   ;_____
LOOP1:      MOV P1 ,A
            RL  A
            LCALL DELAY
            RET
```

延时子程序可根据延时长短,自行编写。

1.2.3　任务实施

分组讨论,按确定的方案分工独立开展工作,完成以下操作。

1.软件仿真

(1)启动电子设计系统 Proteus,新建一个设计文件,按如图 1-21 所示。

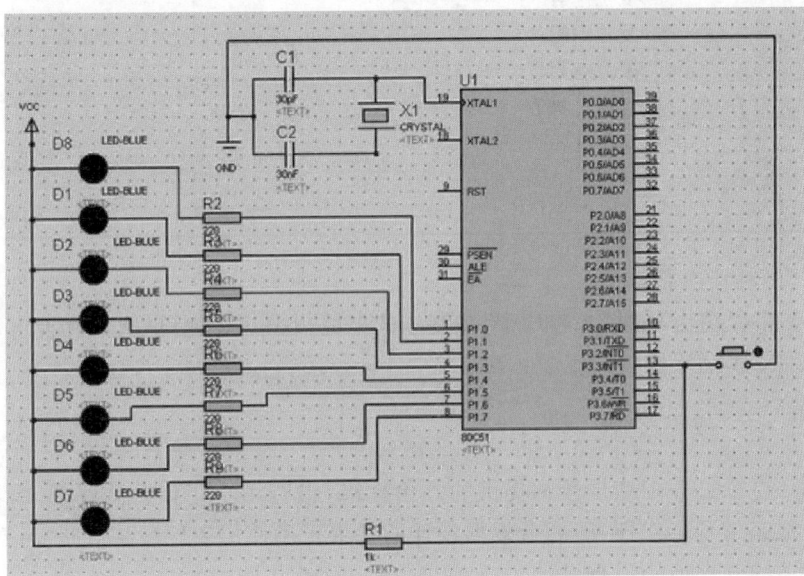

图 1-21　连接仿真电路

(2)运行 Keil uVision3,建立新的项目文件,并在如图 1.11 所示的仿真选项中选择联调模式。

(3)新建 asm 文件,编写程序并编译

(4)按下调试按钮 ⊕ ,与 proteus 连接成功后,按下按钮 ▤ ,运行程序。

请查阅相关资料,思考调试的观测点和所采取的调试方法?

若程序正确无误,请记录你所观察到的结果。

若程序出现错误,请观察信息窗口中的信息并思考为什么?

2.搭建硬件电路

(1)请采用可用的资源,在教师提供的元器件库中选择,并为元件选择正确参数,完成以下设备清单。

表 1-4

序号	元件名称	规格	数量
1	89C51 单片机		
2	晶振		
3	起振电容		
4	复位电容		
5	复位电阻		
6	限流电阻		
7	发光二极管		
8	DIP 封装插座		

(2)制作电路板。

3.将程序烧写到 51 芯片中,在制作的电路板上运行调试,直到功能实现。

4.完成设计报告。

1.2.4 成果检查

在整个过程中依据教师提供的评价标准,检查本小组设计作品是否符合要求地完成了工作任务:能否根据设计的要求正确使用条件转移灯指令,对选择合适的分支结构进行设计。

检查设计的单片机系统是否能实现拨动开关向上,彩灯做向左的跑马灯效果,拨动开关向上,彩灯做向右的跑马灯效果。

1.2.5 学业评价

(1)小组中一位成员展示制作完成的小作品,小组给出自评成绩。

(2)小组一位成员介绍一下小作品制作的思路和需要用到的理论知识,并回答教师的提问。

(3)结合小组所提交的设计项目,根据学习过程按任务要求独立正确地完成;完成本任务的设计作品;以及项目报告的完成情况等,由教师与学生共同评价小组的工作情况,并根据每人完成的复杂程度及创新程度给以鼓励。

(详见学习任务一学业评价表)

学习任务 2

设计一个单片机发声/报警装置

2.1 任务描述

对大多数单片机系统而言,光靠指示灯与显示屏很难让使用者及时对事件作出反应,因此声音经常被用来作为系统的提示信号,特别是紧急情况的报警信号。根据场合不同,对声音信号的音调、时长和节拍都会有不同的要求。

尽管系统的要求不一样,但发声模块的硬件电路和程序原理基本是不变的,本环节让学生学习并设计基本的发声/警报装置,能够完成常见的声音信号输出。为了适应大型工作任务的需要,设计时必须尽可能考虑系统的通用性和可移植性,使之只要经过适当的调整,就可以将其作为一个工作模块整体调用。

2.2 学习与工作内容

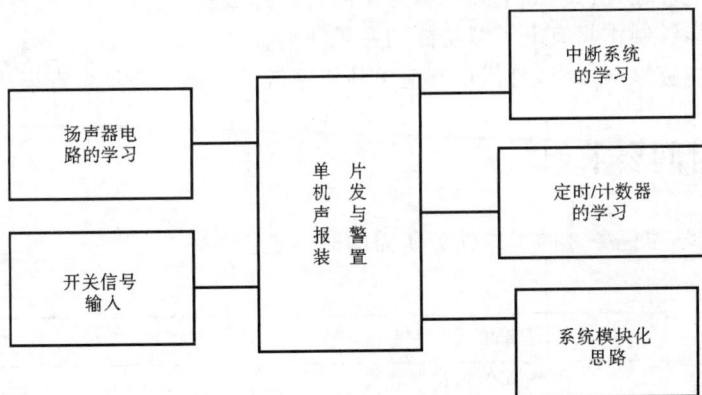

本学习任务要求学生具备一定的乐理知识,学习并掌握单片机定时/计数器的使用方法,能够通过编程在指定引脚上产生特定频率的方波信号,并能控制信号的持续时间。

学生通过本课业完成以下工作任务:

(1)利用各种信息渠道,查阅相关资料,掌握不同音阶的产生原理,节拍方面的基本知识,了解对发声设备的基本控制方法,对主题进行自主思考,完成调查报告;

(2)根据资料,根据功能要求初步规划出硬件电路,画出实现相应功能的控制程序流程图;

(3)利用可用的资源(设备说明书、网络资源等)做出设备选型清单;

(4)以小组为单位分别独立开展工作,进行硬件电路连接和控制程序设计;

(5)进行系统的硬件、软件调试,在整个工作过程中依据评价标准,检查产品是否符合设计要求;

(6)综合考虑产品的应用环境,验证系统的稳定性和操作性是否符合实际需求,进一步调整系统;

(7)完成项目设计报告并作汇报,对项目作品进行自我评价,结合教师与学生共同评价后的建议,提出整改意见。

2.3 学习目标

完成本学习任务后,你应当能:

(1)能够在硬件基础上独立编写不同音乐播放程序;

(2)能够制作具有电子琴功能的音乐演奏器;

(3)能够根据要求,自行在其他单片机系统的基础上添加发音模块。

2.4 时间要求

完成学习任务 2 的工作任务所需的时间表。

表 2-1

载体	任务单元	学时
子任务 1	内部信号控制发音	6
子任务 2	外部信号控制发音	4
子任务 3	发音/报警装置嵌入到其他系统	4

2.5 学业评价形式及标准

实行多评价主体参与的学习全过程综合考核制度,考核按照平时训练和综合训练相结合、理论和实践相结合、实物和答辩相结合的原则进行,最终成绩根据学习过程"小组合作学习"学习表现、关键能力表现、实物作品展示、项目报告和答辩结果来确定。详见学习任务二学业评价表。

学习任务二学业评价表

1."小组合作学习"学习表现评价表(1)

"小组合作学习"学习表现评价表(1)

组别: **评价主体:**

说明:监控:监控小组在合作完成学习任务时每种行为发生的频率。

　评价:"4"表示行为总是发生;"3"表示行为经常发生;

　　　　"2"表示行为很少发生;"1"表示行为没有发生。

1.明确学习目标和任务后,立即讨论制订学习计划	1	2	3	4
2.小组成员中软硬件设计任务分工明确	1	2	3	4
3.小组成员注意倾听并考虑别人的观点	1	2	3	4
4.大家共享信息资源	1	2	3	4
5.完成任务过程能认真研究遇到的问题并主动思考解决办法	1	2	3	4
6.完成任务时积极,小组成员之间主动合作	1	2	3	4
7.完成任务时感兴趣,小组成员积极参与	1	2	3	4
8.完成任务时有目的性,小组成员之间相处融洽	1	2	3	4
9.完成任务时充满激情,小组成员之间主动沟通	1	2	3	4
10.按任务要求独立开展学习与工作	1	2	3	4
11.小组成员献计献策制订较优化的系统设计方案	1	2	3	4
12.小组成员对仪器仪表操作规范,符合要求	1	2	3	4
13.小组成员能合理选择元器件	1	2	3	4
14.按时完成设计报告并汇报在团队中的设计任务	1	2	3	4
15.完成的电路能实现设计所要求效果并有创新	1	2	3	4
16.完成的控制系统设计后,工作台面整洁	1	2	3	4

2.“关键能力”评价表

“关键能力”评价表

组别：　　　　　　　　　　　**评价主体：**

说明：监控：监控小组在合作完成学习任务时每种行为发生的频率。

评价：(4)表示 4 分；(3)表示 3 分；(2)表示 2 分；(1)表示 1 分。

1.获取与处理信息的能力

(1)能够从教科书和课堂获得所需信息。
(2)能够利用学校的信息源获得所需信息。
(3)能够从大众媒体和所有渠道获得所需信息。
(4)能够开拓创造新的信息渠道；从日常生活和工作中随时捕捉有用的信息。

2.工作与学习的方法能力

(1)能够回忆、再现学习内容。
(2)能够在一定的时间范围内独立学习。
(3)能够独立确定学习的时间、方法；能解决调试过程出现的问题。
(4)能够认识自己的缺陷并及时补救；独立决定学习进度和制定设计方案。

3.计划组织与执行能力

(1)能够解释工作过程；依据教师制定的标准检查工作任务是否完成。
(2)能够按照给定的工作计划较灵活地完成设计任务；独立评估成果。
(3)能够熟练运用所学知识技能独立制定项目工作计划。
(4)能够对复杂任务进行模块化设计并独立解决问题。

4.交流与合作能力

(1)能够参与讨论；完成小组给定的软硬件设计任务。
(2)能够在讨论中提出自己的见解；适应小组工作方式。
(3)在小组工作中态度友好,富有创新性。
(4)能够代表本专业与其他同学合作；在工作小组中活动自如。

5.心理承受力

(1)能够在教师监督下完成任务和自我评估成果；胜任较低心理要求的工作。
(2)能够胜任中等心理要求的工作。
(3)责任心更加经常化、自觉化；由于自信心等原因,能胜任较高要求。
(4)能够自觉对小组和项目负责；有完成重大任务的心理准备。

48

3.小组"口头汇报"行为表现评价表

小组"口头汇报"行为表现评价表

组别：	汇报人：

汇报内容：	评价主体：

说明：监控：监控小组代表在做口头汇报时每种行为发生的频率；
　　　评价："4"表示行为总是发生；"3"表示行为经常发生；
　　　　　 "2"表示行为很少发生；"1"表示行为没有发生。

A.身体表现

a.站直，面向观众	4	3	2	1
b.面部表情随着表达内容的变化而变化	4	3	2	1
c.保持与观众眼神的交流	4	3	2	1
d.适当的手势	4	3	2	1

B.声音表现

a.说话节奏平稳，语速适当	4	3	2	1
b.用声调变化强调重点	4	3	2	1
c.声音足够大，每一位听众都能够听清楚	4	3	2	1
d.发音正确，吐字清晰	4	3	2	1

C.语言表达

a.表达时用词恰当准确	4	3	2	1
b.信息组织逻辑清晰	4	3	2	1
c.语言简练，不啰嗦	4	3	2	1
d.表达流畅，语意完整	4	3	2	1
e.能正确回答教师提问	4	3	2	1
f.回答问题及时	4	3	2	1

4.技能作品评价表

技能作品评价表

组别：　　　　　　　　　　　　　汇报人：

汇报内容：　　　　　　　　　　　评价主体：

说明：监控：监控小组代表在做口头汇报时每种行为发生的频率；

　　　　评价："4"表示行为总是发生；"3"表示行为经常发生；

　　　　　　"2"表示行为很少发生；"1"表示行为没有发生。

A.项目设计报告

a.小组成员能正确完整写明实验内容	4	3	2	1
b.小组成员正确画出控制系统的硬件原理图	4	3	2	1
c.小组成员正确画出控制系统的软件流程图	4	3	2	1
d.测试结果与分析符合要求	4	3	2	1
e.流程图和程序的设计简洁模块清晰	4	3	2	1
f.报告文档版面清楚,格式完整	4	3	2	1
g.报告文档是否体现知识拓展模块的设计	4	3	2	1
h.报告文档最后写出学习小结,分析存在差距的原因	4	3	2	1

B.实物作品展示

a.小组成员能够操作演示并有明显的效果	4	3	2	1
b.控制系统设计符合学习要求,能实现基本功能	4	3	2	1
c.控制系统的美观程度	4	3	2	1
d.控制系统能够播放符合设计要求的音乐	4	3	2	1
c.控制系统能够实现外部触发	4	3	2	1
f.控制系统的设计效果有创意	4	3	2	1

2.6　学习与工作过程

工作任务背景：

在一个发声/报警装置中，以单片机作为主控元件，在引脚上连接若干个按键(外部信号)和扬声器。不同的声音信号由许多不同的音阶组成的，而每个音阶对应着不同的频率，这就需要在程序中正确控制不同音频信号的生成与组合。对于单片机来说，产生不同的频率非常方便，只要利用定时/计数器 T0/T1 就能完成。此外，声音信号的时长可以利用循环来控制。

在实际应用中，声音信号的触发条件是多种多样的，从最简单地按下键盘发出按键音，到执行特定功能时播放音乐，再到紧急情况的声音报警等等。本环节中的发声/报警器具备 3 种不同的方法来触发声音，一是查询按键后发出按键声音，二是由指定按键触发后，播放一段完整音乐，三是利用中断触发音乐播放。

为了完成这样的一个发声装置，其硬件基础是比较简单的，关键是在软件部分。首先需要能够用程序单独控制扬声器发出声音，其次需要为这个程序增加触发条件，也就是让用户能够决定什么时候发出声音，最后，由于发声装置一般不会单独存在(音乐演奏器除外)，必须调整软件接口，使其与上层系统的其他模块能够联合工作。

子任务一

内部信号控制发音

2.1 学习目标

完成本环节后,你应当能:

(1)独立设计扬声器电路

(2)在老师指导下,设计用单片机内部信号驱动的发声系统

2.2 任务描述

一个发声/报警装置,最基本的功能,就是要发出声音。这就需要在单片机系统中添加一个扬声器电路,由程序来控制其发音。而程序人员,必须能得心应手地控制这个系统所发出的声音。

2.2.1 学习准备

引导问题 1:为了让单片机发出声音,在硬件上需要做什么准备?

1.扬声器的工作原理

扬声器是一种电声换能器件,音频电能通过电磁、压电或静电效应,使其纸盆或膜片振动周围空气造成音响。以电磁式为例,变化的声音电流通过线圈,让线圈跟磁铁间产生变化的力,从而使连在线圈上的发声膜振动差生声音。

为了让单片机发出声音,需要为最小系统扩展一个扬声器,这只需要一个简单的电路即可完成,如图 2-1。

IN 为信号输入端,输入信号的频率直接影响到产生的音高。接下来我们将会把它连接到单片机的输出引脚上。

2.扬声器的选择

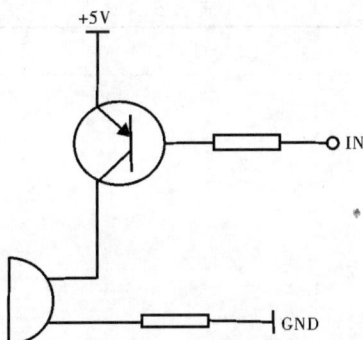

图 2-1　扬声器电路

单片机系统对扬声器的要求并不高,一般选择阻抗在 8 到 16 欧姆的扬声器即可,另外尺寸上应该注意能与设计的电路板配合。

通常也可以使用蜂鸣器取代扬声器。蜂鸣器是一种一体化结构的电子讯响器,采用直流电压供电,在工作原理上与扬声器基本一致,主要区别是__

_____

引导问题 2:有了扬声器就可以发出声音,但是声音的高低是怎么控制的呢?

1.频率的计算

音乐中的基本音阶的频率是按照一定规律排列的,以 C 调为例,音阶中各音之间的频率(单位为赫兹)关系是:

$1=264$　　$2=264×1.059^2$　　$3=264×1.059^4$

$4=264×1.059^5$　　$5=264×1.059^7$

$6=264×1.059^9$　　$7=264×1.059^{11}$

注:1.059 是一个近似值,实际为 $\sqrt[12]{2}$。

一个音的频率刚好是比它高八度音的频率的一半,所以,只要把一个音的频率除以 2 就得到比它低八度的一个音的频率。

2.请计算出 C 调各音阶的频率和周期

表 2-2

中音	1	2	3	4	5	6	7
频率	264 HZ						
周期							
低音	1	2	3	4	5	6	7
周期							
频率							
高音	1	2	3	4	5	6	7
频率							
周期							

引导问题 3:知道了信号的频率和周期,接下来的问题是,如何才能在单片机中得到对应的频率/周期?

1.利用循环指令 DJNZ 延时,获得所需的周期

(1)编写一段程序,将空指令 NOP 执行 100 次

```
        MOV R0,#100
LOOP：NOP
        DJNZ R0,LOOP
```

分析以上程序:

表 2-3

行号	周期数	执行次数	总周期数
1	单周期	1	1
2	单周期	100	100
3	双周期	100	200
合计			300

当系统选择 12 MHZ 的晶振时,机器周期为 1 μs,则以上程序能够延时 301 μs。

(2)编写一段程序,将空指令 NOP 执行 10 000 次。

由于收到单片位数的限制,超过 256 次的循环,无法由循环的指令单独完成,这就需要由循环的嵌套来实现。

分析你所写的程序,请写出这段程序中,每一条指令的周期数和执行的次数,并由此计算出总的周期数和执行时间,假设晶振同样为 12 MHZ。

表 2-4

行号	周期数	执行次数	总周期数
1			
2			
3			
4			
5			
6			
7			
8			
9			
合计执行时间=全部周期数×1 us=			

(3)在 C 调音阶周期的计算中可知,声音信号需要的周期是 1 毫秒到 8 毫秒之间,实际上,由于周期信号一般为方波信号,所以我们所需要的周期可以再除以 2,也就是 0.5 毫秒到 4 毫秒之间。考虑到精度,我们可以编写出 100 μs 的延时程序,这样只需要在循环外层再加一层嵌套,就可以由其循环次数控制最终的延时时间,这样一个特定的时间程序的编写既需要细心,也需要耐心。

请编写出在晶振为 12 MHZ 下的 100 μs 延时程序:

由于循环程序占用了大量的 CPU 时间,对系统而言很不利,使用单片机内部的定时/计数器可以解决这个问题。

2.利用定时器,获得所需的周期

(1)生活中有哪些定时器,它们有哪些共同点?

大部分电器都有定时功能,全都属于定时器。比如微波炉,空调,风扇,还有洗衣机,电视,手机等等。

它们的工作过程是一致的:

在开始工作前,用户都必须先设定好工作时间,然后启动运行。在运行过程中,预先设定的时间会逐渐减少,但时间减到 0 时,工作完成。部分电器会停止工作,部分电器会发出一个警报信号,提醒用户处理。

从中可以归纳出,一个典型的定时器,其工作过程包括四个步骤:

_____

_____

_____

(2)定时/计数器的功能,二者的区别又在哪里?

定时/计数器的基本功能是用来_____,即计数功能。

定时器和计数器是同一种设备,计数器用来统计脉冲信号的数量,如果脉冲信号具备固定的周期,那么计数的同时也就确定出了周期整数倍的时间,即定时器。

(3)请根据工作材料学习定时器的使用方法,编写程序,设置单片机的 TO 工作在定时状态,方式 1,T1 工作在计数状态,方式 2,计数次数均为 200 次。次数完成后立刻重新计数

(4)请利用定时器,编写出 C 调中音 do 的半周期(1.91 ms)的定时程序

（5）请利用定时器,编写出能够定时 1 s 的程序

单独的定时器是无法定时这么长的时间的,可以利用循环程序结合定时器来实现。实际上在扬声器的控制中,并不需要长达 1 s 的周期信号,但在其他利用定时器的场合,是经常需要的。

2.2.2　工作计划

引导问题 4:为了让扬声器能够工作,要如何连线呢?

扬声器的连线图已经有了,只需要把它加到单片机最小系统中即可。我们选择 P1.0 作为扬声器的输入引脚。用电路板搭建好该电路,或者在仿真软件中设置好电路待用。

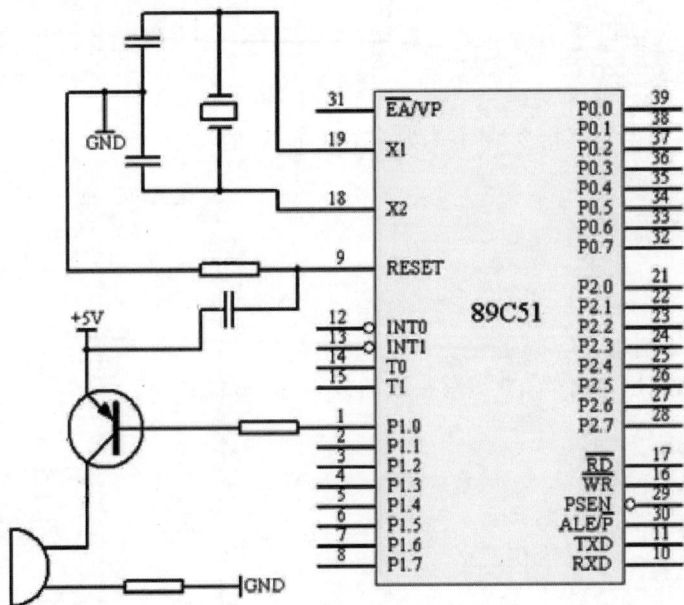

图 2-2　完整扬声器电路

引导问题5：如何才能检查硬件电路是否有错呢？

扬声器接好以后，我们必须先确定当前的电路能否正常工作。只有确认了硬件电路的正确性，才能够进行进一步的编程设计工作。

只需要在扬声器的输入引脚上，利用程序生成方波，方波信号的频率就是发出的声音频率。因此，程序流程很简单，就是：

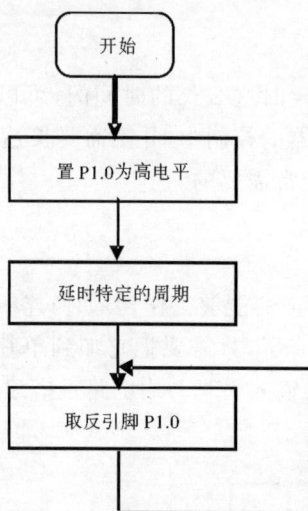

图 2-3

（1）请利用循环指令编写一段播放中音 Do 的程序。

（2）请利用定时器 T0 编写一段播放中音 Do 的程序。

（3）如果能够正确播放出音阶 do，说明硬件电路已经没有问题，可以进行下一步的设计。如果扬声器没有发出声音呢?

①检查硬件电路是否正常,判断最小系统是否能够工作,如果可以,再判断扬声器是否损坏,扬声器电路是否虚焊等等。如果是在电脑上仿真,应该检查电路图连线是否出错,仿真设置是否正确。

②电路检查无误,则可能错在程序,检查是否有细节上的错误。下面给出利用定时器 0 播放的参考程序,其中利用了查表指令来获取计数初值,同学们可结合工作材料学习。

```
            ORG 0000H
            LJMP MAIN                    ;主程序入口
            ORG 0100H
MAIN:       MOV TMOD,#00000001B          ;T0 工作在定时器,方式 0
            MOV DPTR,#TAB                ;取出表格首地址
            MOV R0,#00H                  ;表格指针
            SETB P1.0                    ;引脚预先置 1
            MOV A,R0
            MOVC A,@A+DPTR
            MOV R1,A
            INC R0
            MOVC A,@A+DPTR
            MOV R2,A
            INC R0                       ;取出计数初值
LOOP0:      MOV TH0,R1
            MOV TL0,R2
            SETB TR0                     ;为 T0 赋值并启动
            JNB TF0,$                    ;等待计数到
            CPL P1.0                     ;时间到,取反引脚
            CLR TF0                      ;标志清 0,为下一次做准备
            LJMP LOOP0
TAB:        DW 63628                     ;在 ROM 中存放计数值
            END
```

引导问题 6:有了这些基本知识,如何才能编写程序让扬声器播放音乐?

1.音乐节拍的实现

59

为了播放音乐,除了控制音高意以外,还必须控制声音的长短。用以记录不同长短的音的进行的符号叫做音符。用以记录不同长短的音的间断的符号叫做休止符。音值的基本相互关系是:每个较大的音值和它最近的较小的音值的比例是 2 与 1 之比。

单个节拍持续的时间不是固定的,但是只要规定了一种音符的长度,那么其他音符的长度也相对固定下来了。比如说,如果规定十六分音符的时间长度为 200 μs,那么八分音符就需要持续 400 μs,四分音符持续 800 μs,以此类推。

由此可知,编写音乐程序时,必须要在程序中规定出某个音符的持续时间。一般选择较短的十六分音符,其他音符的时间均为其整数倍,在程序上容易实现。

音符名称	写法	时值
全音符	5——	四拍
二分音符	5-	二拍
四分音符	5	一拍
八分音符	5	半拍
十六分音符	5	四分之一拍
三十二分音符	5	八分之一拍

图 2-4　音符的表示方法

2.音符的音高和节拍都需要程序中控制特定的时间,我们一般用定时器控制音高,用循环直接控制节拍。为了在程序中同时判断 2 种时间,需要利用中断。

(1)中断的概念

CPU 在处理某一事件 A 时,发生了另一事件 B 请求 CPU 迅速去处理(中断发生);CPU 暂时中断当前的工作,转去处理事件 B(中断响应和中断服务);待 CPU 将事件 B 处理完毕后,再回到原来事件 A 被中断的地方继续处理事件 A(中断返回),这一过程称为中断。

引起 CPU 中断的内部原因或者外部条件,称为＿＿＿＿＿＿。中断源向 CPU 提出＿＿＿＿＿＿,CPU 暂时中断原来的事务 A,转去处理事件 B。对事件 B 处理完毕后,再回到原来被中断的地方(即断点),称为＿＿＿＿＿＿。

(2)各中断源响应优先级及中断服务程序入口表

表 2-5

中断源	中断标志	中断入口	优先级顺序
外部中断 0（INT0）	IE0	0003H	高
定时计数器 0（T0）	TF0	000BH	↓
外部中断 1（INT1）	IE1	0013H	↓
定时计数器 1（T1）	TF1	OO1BH	↓
串行口	RI / TI	0023H	低

（3）利用定时器和循环指令控制时间，编写程序，播放一小节简谱：
｜1 3 5 5｜,以后所有程序均假设晶振 12 MHZ,十六分音符＝200 μs。

表 2-6

中音	1	2	3	4	5	6	7
频率	262 (HZ)	294	330	349	392	440	494
周期	3.82 (MS)	3.40	3.03	2.87	2.55	2.27	2.02
半周期	1.91 (MS)	1.70	1.52	1.43	1.28	1.14	1.01
初值	63 628	63 835	64 021	64 103	64 260	64 400	64 524

参考程序：

```
         ORG 0000H
         LJMP MAIN              ;主程序入口
         ORG 001BH
         LJMP T1ZD              ;中断入口
         ORG 0100H
MAIN：    MOV TMOD,＃10H
         MOV IE,＃88H           ;初始化
         MOV DPTR,＃TAB
LOOP:CLR A
         MOVC A,@A＋DPTR
         MOV R1,A              ;查计数值高八位
```

```
                INC DPTR
                CLR A
                MOVC A,@A+DPTR        ;查计数值第八位
                MOV R0 ,A
                ORL A,R1
                JZ NEXT0             ;判断是否为休止符 0000H
                MOV A,R0
                ANL A,R1
                CJNE A,#0FFH,NEXT    ;判断是否为停止符号 FFFFH
                SJMP MAIN

NEXT:           MOV TH1,R1
                MOV TL1,R0
                SETB TR1             ;启动
                SJMP NEXT1
NEXT0:          CLR TR1
NEXT1:          CLR A
                INC DPTR
                MOVC A,@A+DPTR        ;查节拍常数
                MOV R2,A
LOOP1:          LCALL D200           ;调用节拍延时程序
                DJNZ R2,LOOP1
                INC DPTR
                AJMP LOOP

D200:           MOV R4,#81H          ;D200 为延时程序
D200B:          MOV A,#0FFH
D200A:          DEC A
                JNZ D200A
                DEC R4
                CJNE RT4,#00H,D200B
                RET

T1ZD:           MOV TH1,R1           ;T1ZD 为中断程序。
                MOV TL1,R0
```

```
            CPL P1.0
            RETI

TAB：       DW 63628              ;依次定义音高和节拍
            DB 02H                ;也可以全部换算成十六进制
            DW 64021              ;用 DB 指令一次设置。
            DB 04H
            DW 64260
            DB 04H,0FFH,0FFH
```

2.2.3　任务实施

分组讨论,按确定的方案分工独立开展工作,完成以下操作,并回答问题

1.软件仿真

(1)启动电子设计系统 Proteus,新建一个设计文件。如图 2-5 所示,在元件库中选择所需元件,搭建起扬声器电路,并为元件选择正确参数。

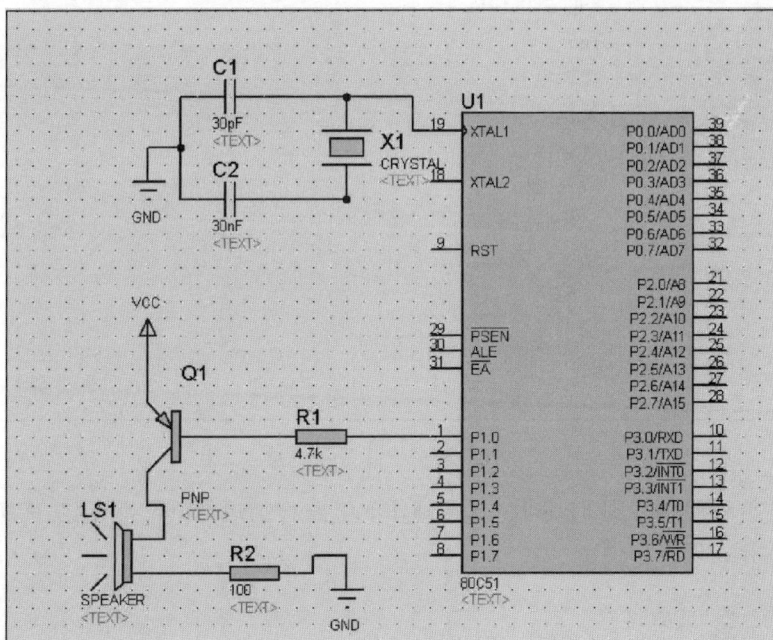

图 2-5　连接仿真电路

（2）运行 Keil uVision3，建立新的项目文件，并在仿真选项中选择联调模式，如图 1-11 所示。

（3）新建 asm 文件，编写程序并编译。

（4）按下调试按钮 ⓠ，与 proteus 连接成功后，按下按钮 ▣，运行程序，检查声音是否正常。

记录下运行情况：

_____

_____

2.搭建硬件电路

（1）请采用可用的资源，在教师提供的元器件库中选择，并为元件选择正确参数，完成以下设备清单。

表 2-7

序号	元件名称	规格	数量
1	89C51 单片机		
2	晶振		
3	起振电容		
4	复位电容		
5	复位电阻		
6	限流电阻		
7	三极管		
8	DIP 封装插座		
9	万能板		
10	扬声器		

（2）制作电路板。

3.将程序烧写到 51 芯片中，在制作的电路板上运行调试，直到功能实现。

4.完成设计报告。

2.2.4 成果检查

在整个过程中依据教师提供的评价标准，检查本小组设计作品是否符合要求地完成了工作任务，用最终完成的系统板进行功能演示和说明，分析各部分功能的完成情况和小组的创意情况。

2.2.5 学业评价

(1)小组中一位成员展示制作完成的小作品,小组给出自评成绩。

(2)小组一位成员介绍一下小作品制作的思路和需要用到的理论知识,并回答教师的提问。

(3)结合小组所提交的设计项目,根据学习过程按任务要求独立完成的情况;本任务的实物设计作品;以及项目报告的完成情况等,由教师与学生共同评价小组的工作情况,并根据每人完成的复杂程度及创新程度给以鼓励。

(详见学习任务二学业评价表)

子任务二

外部信号控制发音

2.1 学习目标

完成本环节后,你应当能:

(1)利用中断控制程序运行;

(2)利用外部信号,驱动扬声器电路播放;

(3)在老师指导下,设计一个由开关信号控制发音的系统。

2.2 任务描述

以上完成了单片机控制下的声音播放,作为一个发声/报警装置,不但要能够发出声音,而且需要在各种外部信号的驱动下发出声音。常见的有设备按键音/电子琴(开关驱动)、报警器(事件驱动)等等。接下来就要在我们的系统中实现这 2 种情况

2.2.1 学习准备

引导问题 1:外部信号的种类繁多,但可以借助电路归结为引脚上的电平变化,可以用一个开关量来近似表示。那怎么为单片机系统增加开关呢?

在单片机的并行口上连接若干个开关电路,就可以作为查询式键盘使用,只要在程序中判断引脚的电平,就可以知道某个按键是否被按下。查询键盘的优点是电路简单,编程方便。但由于每个开关必须独自占用一个引脚,所以在需要大型键盘的场合,查询键盘无法满足需求。

从电路中可以看出,当开关处于断开状态时,引脚上输入为_____电平,当开关闭合时,引脚输入_____电平。以上图为例,利用指令 JB/JNB 就可以直接判断开关的状态。

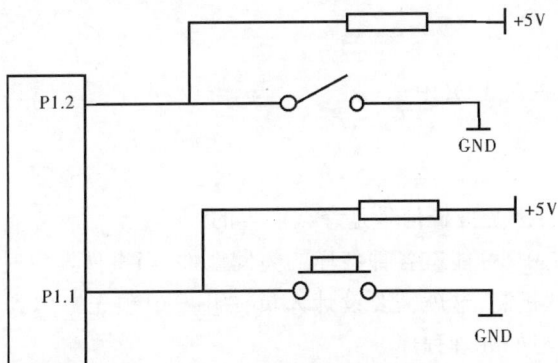

图 2-6 查询式键盘的连接

引导问题 2:怎么在按下开关时就发出声音?

为了避免误操作,很多设备在设计中特意为按键增加了声音,也就是当按下按键时,扬声器同时发出提示音。利用查询指令判断按键引脚的电平,当按键被按下时,调用一次播放声音的子程序,即可实现。

综合图 2-2 和图 2-1 的电路,下列程序可以实现在按下按键时发出不同声音。其中,♯DATA 表示计数值,可任意指定。声音子程序类似于上一节中的程序,区别在于计数值的来源不同。

```
        MOV TMOD,♯01H
START:JB P1.1, NEXT0        ;如果 P1.1 没有按下,去判断 P1.2
        MOV R0,♯DATA1
        MOV R1,♯DATA2        ;设置 P1.1 按下时的计数初值
        LCALL SOUND          ;调用播放程序
NEXT0:JB P1.2, START        ;如果 P1.2 也没有按下,重新开始
        MOV R0,♯DATA3
        MOV R1,♯DATA4        ;设置 P1.2 按下时的计数初值
        LCALL SOUND
        LJMP START
SOUND:MOV R7,♯02H
LOOP: MOV TH0,R0
        MOV TL0,R1           ;R0、R1 作为入口参数,传递计数初值
        SETB TR0
        JNB TR0, $
```

```
CLR TR0
CPL P1.0
DJNZ R7，LOOP
RET
```

引导问题 3:声音报警信号是怎么产生的?

在应用系统中,可能有各种各样的突发事件,当事件发生时要求系统能够启动对应的处理机制,这就需要设计人员在开发中预先考虑到可能发生的事件,并为事件编写好处理程序。

怎么在程序中接受应急信号并进行处理呢? 这就需要用到单片机的外部中断机制。不论什么样的事件类型,都可以利用传感器和对应的电路,转换成引脚上的电平变化,触发单片机的外部中断。

传感器电路的种类繁多,我们在学习中,用开关来代表外部信号的产生。这就需要把开关连接到单片机的外部引脚 P _____ 或 P _____。按开关按下时,单片机响应中断,调用中断程序,播放警示音乐和进行应急处理。

请编写程序实现,当连接在 P3.2 的开关按下时,持续播放高音 do。

2.2.2 工作计划

制作一个能弹奏高音 1~7 的电子琴。

引导问题 4:一个电子琴的基本电路应该如何在单片机系统实现呢? 请设计出电路图。

结合扬声器电路和开关电路即可,建议将 7 个琴键安排在 P1.1~P1.7。

引导问题 5:我们已经能够控制扬声器发出单个音阶,要如何才能在开关驱动下,发出不同音阶呢?

1.流程设计

电子琴的特点在于,需要对较多按键一一进行判断,当某个按键按下时,播放对应的音阶。

从流程上考虑,主程序首先应该逐一查询 P1 口上的电平,如果均未置 1,说明没有任何按键按下,不需要发音,继续查询 P1 口。当 P1 口某个引脚电平发声改变时,设置定时计数器的计数初值,调用播放子程序。在播放中,需要继续查询该引脚,若引脚电平变成 0,说明按键被释放,此时回到主程序重新开始

本任务既可以使用定时中断实现,也可以直接用判断指令实现对方波的控制。请画出流程图。

2.根据流程图编写程序

2.2.3　任务实施

分组讨论,按确定的方案分工独立开展工作,完成以下操作,并回答问题。

1.软件仿真

(1)启动电子设计系统 Proteus,新建一个设计文件。如图 2-7 所示,在元件库中选择所需元件,搭建起扬声器电路。

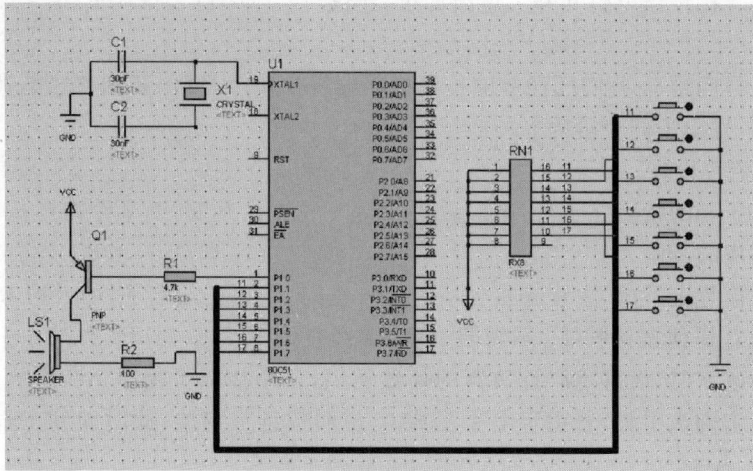

图 2-7　连接仿真电路

(2)运行 Keil uVision3,建立新的项目文件,并在仿真选项中选择联调模式,如图 1-11 所示。

(3)新建 asm 文件,编写程序并编译。

(4)按下调试按钮 🔍,与 proteus 连接成功后,按下按钮 🖹,运行程序。在软件界面中用鼠标按下响应按键,音箱发出正确音阶。

记录下运行情况:

_____

_____

_____

2.搭建硬件电路

(1)请采用可用的资源,在教师提供的元器件库中选择,并为元件选择正确参数,完成以下设备清单。

表 2-8

序号	元件名称	规格	数量
1	89C51 单片机		
2	晶振		
3	起振电容		
4	扬声器		
5	PNP 管		
6	限流电阻		
7	发光二极管		
8	DIP 封装插座		
9	排阻		
10	触点开关		

(2)制作电路板。

3.将程序烧写到 51 芯片中,在制作的电路板上运行调试,直到功能实现。

4.完成设计报告。

2.2.4　成果检查

在整个过程中依据教师提供的评价标准,检查本小组设计作品是否符合要求地完成了工作任务。

用完成的电子琴进行简单演奏,检查音阶高度是否正确,是否存在噪音等等。

2.2.5　学业评价

(1)小组中一位成员展示制作完成的小作品,小组给出自评成绩。

(2)小组一位成员介绍一下小作品制作的思路和需要用到的理论知识,并回答教师的提问。

(3)结合小组所提交的设计项目,根据学习过程按任务要求独立完成的情况;本任务的实物设计作品;以及项目报告的完成情况等,由教师与学生共同评价小组的工作情况,并根据每人完成的复杂程度及创新程度给以鼓励。

(详见学习任务二学业评价表)

子任务三

发音/报警装置嵌入到其他系统

2.1 学习目标

完成本环节后,你应当能:

(1)熟练设计单片机发音报警装置;

(2)能在不同的系统中,根据需求加入不同的发声模块。

2.2 任务描述

如前所述,单片机发音装置的应用场合是多种多样的,这就需要将其嵌入到现成的其他系统中,在其他程序中加入发音的功能。接下来我们就利用学习任务一中的霓虹灯系统,在其中添加音乐功能,实现所谓的音乐彩灯。

同时,在设计过程中,如果客户忽然对产品功能提出修改,或者增加某些功能,这时候设计人员就必须面对不同功能程序的移植和组织问题。发音装置嵌入霓虹灯,其实也是一种系统与另一种系统的合并,需要考虑很多问题

2.2.1 学习准备

引导问题 1:在一块系统板上加上不同功能,首先要考虑的就是硬件资源的分配。要怎么把扬声器和霓虹灯结合在一起呢?

1.硬件协调

在任务 1 中,彩灯连接在单片机 P1 口,这样,扬声器与琴键电路只能选择其他并行端口。

51 单片机的 P0、P2 和 P3 端口,都有各自的第二功能。

P0 口是系统的_____总线,同时也是地址总线_____位,P2 口是系统的地址总线_____位。

请查阅资料,填写 P3 口第二功能表。

表 2-9

引脚	第二功能	功能说明
P3.0		
P3.1		
P3.2		
P3.3		
P3.4		
P3.5		
P3.6		
P3.7		

在霓虹灯其他中,并行端口的第二功能都没有得到使用,考虑到为系统保留更多的扩展空间,我们选择 P2 口来连接键盘和扬声器电路。

在更复杂的系统中,往往只有 P1 口可以自由使用,这时候就可以利用外部编程芯片来扩展并行端口的数量。

2.软件资源分配

由于受到单片机的资源限制,不同的功能程序很可能会使用到相同的内部资源,比如使用了同一个工作寄存器,占用了同样的 RAM 空间,或者在程序中使用了相同的标号等等,这都需要在设计中考虑到并加以处理。

比如,如果在 2 个功能程序中都使用了 R0、R1 进行间接寻址,又无法错开使用,就可以利用 PSW 的 RS0 和 RS1 标志位,在不同的工作寄存器组中进行切换。这在设计之初就应该分配好。

3.任务设计

系统通电以后,走马灯(P1.0~P1.6)开始以较慢的速度运行起来,并由开关 K1(P1.7)控制 7 个发光二极管的移动方向(学习任务一)。与此同时,扬声器(P2.0)播放音乐,每个灯都对应中音的 1~7。

当开关 K2(P2.1)按下时,走马灯继续运行,同时播放一首音乐作为背景音乐。K2 弹开时,恢复到正常的音阶播放。

开关 K3(P3.2)作为意外信号,当 K3 按下时,K1 和 K2 失去作用。走马灯停止工作,所有灯开始闪烁,同时发出高音系列的声音作为警报音。当 K3 弹开时,恢复正常。

引导问题 2:除了硬件的结合,还要先考虑好系统新的流程结构,要怎么结合呢?

这是一个稍微复杂的系统,包含三个部分的功能,必须考虑好三者之间的关系。首先开关 K3 一定是作为外部中断输入,因而,K3 按下以后的功能由中断程序来完成。开关 K1 和 K2 在主程序中利用查询来判断,因而进入中断时,CPU 自然而然失去了对他们的监视,符合系统要求。

怎么在灯移位的同时播放不同音阶呢?

程序初始化时,设置为第一个灯亮,同时设置定时器为中音 do 的频率。在走马灯延时程序执行的过程中,由定时器中断来控制扬声器输入引脚的取反,就可以发出声音。为了实现每次灯移位,音阶随之发生改变,在每次延时结束,即将转换灯的状态时,利用查表指令指向下一个计数值,控制定时器的发音频率改变。在这里必须注意音阶是 7 次循环的,应该加入一个标志位进行次数的统计。

开关 K1 作为走马灯的开关,用来控制左移命令或者右移命令的执行。同时也要控制音阶查表的自增或者自减。

2.2.2　工作计划

(1)根据前面任务中的学习,设计硬件电路,使之具备同时实现扬声器播放和霓虹灯控制功能的可能性。

(2)确定系统功能,绘制流程图并编写对应的程序。

2.2.3　任务实施

分组讨论,按确定的方案分工独立开展工作,完成以下操作,并回答问题。

1.软件仿真

(1)启动电子设计系统 Proteus,新建一个设计文件。如图 2-8 所示,在元件库中选择所需元件,搭建起扬声器电路,并为元件选择正确参数。

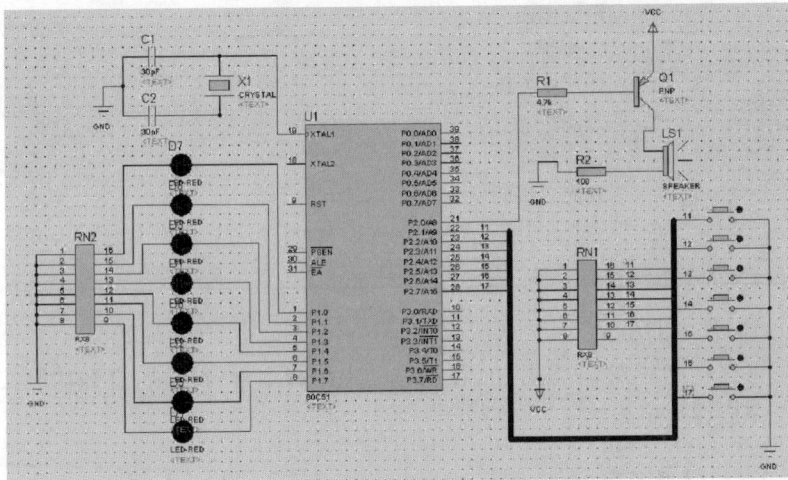

图 2-8　连接仿真电路

(2)运行 Keil uVision3,建立新的项目文件,并在仿真选项中选择联调模式,如图 1-11 所示。

(3)新建 asm 文件,编写程序并编译。

(4)按下调试按钮 ⊕,与 proteus 连接成功后,按下按钮 ▣,运行程序。让彩灯在运行过程中,用鼠标按下不同开关能够实现不同的功能。

记录下运行情况:

_____

_____

2.搭建硬件电路

(1)请采用可用的资源,在教师提供的元器件库中选择,并为元件选择正确参数,完成以下设备清单。

表 2-10

序号	元件名称	规格	数量
1	89C51 单片机		
2	晶振		
3	起振电容		
4	复位电容		
5	复位电阻		
6	限流电阻		
7	三极管		
8	DIP 封装插座		
9	万能板		
10	扬声器		
11	发光二极管		

（2）制作电路板。

3.将程序烧写到 51 芯片中,在制作的电路板上运行调试,直到功能实现。

4.完成设计报告。

2.2.4　成果检查

在整个过程中依据教师提供的评价标准,检查本小组设计作品是否符合要求地完成了工作任务,用最终完成的系统板进行功能演示和说明,分析各部分功能的完成情况和小组的创意情况。

每组的走马灯应该能够正常运行,能够控制左右移动。同时,开关控制下,能够利用扬声器模块发出音乐,外部信号出现时,能提供报警。

2.2.5　学业评价

（1）小组中一位成员展示制作完成的小作品,小组给出自评成绩。

（2）小组一位成员介绍一下小作品制作的思路和需要用到的理论知识,并回答教师的提问。

（3）结合小组所提交的设计项目,根据学习过程按任务要求独立完成的情况;本任务的实物设计作品;以及项目报告的完成情况等,由教师与学生共同评价小组的工作情况,并根据每人完成的复杂程度及创新程度给以鼓励。

（详见学习任务二学业评价表）

学习任务 3

简单计算器设计与制作

3.1　任务描述

在日常生活中,人们使用的简单计算器必须能实现一些运算功能,如简单加、减、乘、除的运算。大多数情况下,人们并不了解这些计算器的结构特点。本任务的内容是利用单片机芯片外接相应输入输出电路,实现三位十进制数的加、减、乘、除等算术运算操作并显示运算结果。要求学生在掌握课业学习材料理论知识的基础上,在教师引导下设计相应输入、输出电路,并按要求装配成计算器系统电路。输入电路部分为单片机 I/O 口外接一个 4×4 键盘电路,用来接收用户按下数字和运算符,输出电路为数码管显示电路,用来显示结果和过程量。

该项目系统必须能实现以下功能:单片机接收键盘电路按下的按键信息,进行分析处理,显示按键按下的过程量和结果量,实现三位数(255 以内)的简单算术运算;输入数字量或者运算结果超过 255,系统会提示出错并执行复位操作。

意义:本项目结合单片机的软件开发、硬件电路(键盘和显示电路)原理,使多个知识点得到综合应用,虽然原理以及电路结构比较简单,但能够增加学生的兴趣,激发学生的学习热情,同时对知识点能有进一步的理解和应用,并了解简单电子产品开发流程。

3.2　学习与工作内容

学习任务要求学生在理解矩阵式键盘工作原理和显示器接口原理的基础上,使用单片机系统对输入的十进制数据进行简单的加、减、乘、除等算术运算操作,并显示结果,系统完成过程主要是对键盘电路,显示电路和单片机小系统电路三个部分的设计和制作。

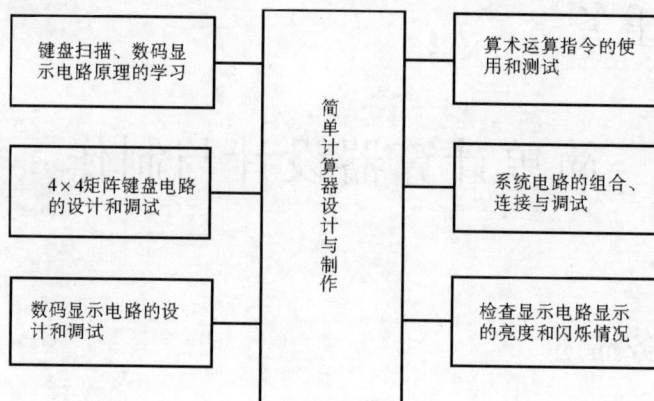

图 3-1　学习内容结构图

学生通过本任务完成以下工作：

(1)查阅相关资料，理解简单计算器工作的基本原理和电路组成；

(2)参考使用单片机应该如何制作，并设定工作计划，以组为单位实行工作分工；

(3)设计该系统显示部分和输入部分的电路原理图，确定出该系统的组成并画出硬件电路图和电路接线图；

(4)设计出实现系统功能的程序流程图并对流程图进行优化和论证；

(5)查阅资料对系统进行优化，设计较为理想的电路方案和布线图并画出实物图，选定电路相关元器件及其参数，并着手准备；

(6)以小组为单位分别独立开展工作，对系统的硬件电路连接和控制程序设计分工操作，并制定制作计划，协调处理；

(7)进行系统的硬件、软件设计与调试，发现问题并记录，逐步解决，在整个工作过程中依据评价标准，检查本小组设计作品是否符合要求地完成了工作任务；

(8)完成项目设计报告并作汇报，对项目作品进行自我评价，结合教师与学生共同评价后的建议，提出整改意见。

3.3　学习目标

完成本学习任务后,你应当能:

(1)叙述矩阵式键盘扫描电路、数码管显示电路的结构原理,解释其在计算器系统中的作用;

(2)掌握单片机最小系统电路的设计和连接,电路元器件的选定;

(3)独立制作一个 4×4 矩阵键盘,并编写控制程序,调试使其正常工作;

(4)独立制作一个动态或静态数码显示电路,并编写控制程序,调试使其按要求进行显示工作;

(5)学生能在教师指导下、利用已设计出来外部电路(键盘电路和显示电路)根据引导课文要求设计、组合计算器系统电路,调试计算器系统电路使其实现既定功能,并对其进行全面评价;

(6)学生分析出现问题的原因和解决方案,并对此做记录,从而了解电子产品开发的基本流程。

3.4　时间要求

完成学习任务 3 的工作任务所需的时间表 3-1。

表 3-1

载体	任务单元	学时
子任务 1	矩阵键盘制作和应用	5
子任务 2	数码显示电路的制作	5
子任务 3	计算器系统的制作和调试	5

3.5　学业评价形式及标准

实行多评价主体参与的学习全过程综合考核制度,考核按照平时训练和综合训练相结合、理论和实践相结合、实物和答辩相结合的原则进行,最终成绩根据学习过程"小组合作学习"学习表现、关键能力表现、实物作品展示、项目报告和答辩结果来确定。详见学习任务三学业评价表。

学习任务三学业评价表

1."小组合作学习"学习表现评价表(1)

"小组合作学习"学习表现评价表(1)

组别: 评价主体:

说明:**监控**:监控小组在合作完成学习任务时每种行为发生的频率。

　　评价:"4"表示行为总是发生;"3"表示行为经常发生;

　　　　　"2"表示行为很少发生;"1"表示行为没有发生。

1.明确学习目标和任务后,立即讨论制订学习计划	1	2	3	4
2.小组成员中软硬件设计任务分工明确	1	2	3	4
3.小组成员注意倾听并考虑别人的观点	1	2	3	4
4.大家共享信息资源	1	2	3	4
5.完成任务过程能认真研究遇到的问题并主动思考解决办法	1	2	3	4
6.完成任务时积极,小组成员之间主动合作	1	2	3	4
7.完成任务时感兴趣,小组成员积极参与	1	2	3	4
8.完成任务时有目的性,小组成员之间相处融洽	1	2	3	4
9.完成任务时充满激情,小组成员之间主动沟通	1	2	3	4
10.按任务要求独立开展学习与工作	1	2	3	4
11.小组成员献计献策制订较优化的系统设计方案	1	2	3	4
12.小组成员对仪器仪表操作规范,符合要求	1	2	3	4
13.小组成员能合理选择元器件	1	2	3	4
14.按时完成设计报告并汇报在团队中的设计任务	1	2	3	4
15.完成的电路能实现设计所要求效果并有创新	1	2	3	4
16.完成的控制系统设计后,工作台面整洁	1	2	3	4

2.“关键能力”评价表

“关键能力”评价表

组别:　　　　　　　　　　　　　**评价主体:**

说明:监控:监控小组在合作完成学习任务时每种行为发生的频率。

　　评价:(4)表示 4 分;(3)表示 3 分;(2)表示 2 分;(1)表示 1 分。

1.获取与处理信息的能力

(1)能够从教科书和课堂获得所需信息。
(2)能够利用学校的信息源获得所需信息。
(3)能够从大众媒体和所有渠道获得所需信息。
(4)能够开拓创造新的信息渠道;从日常生活和工作中随时捕捉有用的信息。

2.工作与学习的方法能力

(1)能够回忆、再现学习内容。
(2)能够在一定的时间范围内独立学习。
(3)能够独立确定学习的时间、方法;能解决调试过程出现的问题。
(4)能够认识自己的缺陷并及时补救;独立决定学习进度和制定设计方案。

3.计划组织与执行能力

(1)能够解释工作过程;依据教师制定的标准检查工作任务是否完成。
(2)能够按照给定的工作计划较灵活地完成设计任务;独立评估成果。
(3)能够熟练运用所学知识技能独立制定项目工作计划。
(4)能够对复杂任务进行模块化设计并独立解决问题。

4.交流与合作能力

(1)能够参与讨论;完成小组给定的软硬件设计任务。
(2)能够在讨论中提出自己的见解;适应小组工作方式。
(3)在小组工作中态度友好,富有创新性。
(4)能够代表本专业与其他同学合作;在工作小组中活动自如。

5.心理承受力

(1)能够在教师监督下完成任务和自我评估成果;胜任较低心理要求的工作。
(2)能够胜任中等心理要求的工作。
(3)责任心更加经常化、自觉化;由于自信心等原因,能胜任较高要求。
(4)能够自觉对小组和项目负责;有完成重大任务的心理准备。

3.小组"口头汇报"行为表现评价表

小组"口头汇报"行为表现评价表

组别：　　　　　　　　　　　　汇报人：

汇报内容：　　　　　　　　　　评价主体：

说明：监控：监控小组代表在做口头汇报时每种行为发生的频率；
　　　评价："4"表示行为总是发生；"3"表示行为经常发生；
　　　　　　"2"表示行为很少发生；"1"表示行为没有发生。

A.身体表现

a.站直,面向观众	4	3	2	1
b.面部表情随着表达内容的变化而变化	4	3	2	1
c.保持与观众眼神的交流	4	3	2	1
d.适当的手势	4	3	2	1

B.声音表现

a.说话节奏平稳,语速适当　　　　　4　3　2　1
b.用声调变化强调重点　　　　　　　4　3　2　1
c.声音足够大,每一位听众都能够听清楚　4　3　2　1
d.发音正确,吐字清晰　　　　　　　4　3　2　1

C.语言表达

a.表达时用词恰当准确　　　　　　　4　3　2　1
b.信息组织逻辑清晰　　　　　　　　4　3　2　1
c.语言简练,不啰嗦　　　　　　　　4　3　2　1
d.表达流畅,语意完整　　　　　　　4　3　2　1
e.能正确回答教师提问　　　　　　　4　3　2　1
f.回答问题及时　　　　　　　　　　4　3　2　1

4.技能作品评价表

技能作品评价表

组别：　　　　　　　　　　　汇报人：

汇报内容：　　　　　　　　　评价主体：

说明：监控：监控小组代表在做口头汇报时每种行为发生的频率；
　　　评价："4"表示行为总是发生；"3"表示行为经常发生；
　　　　　"2"表示行为很少发生；"1"表示行为没有发生。

A.项目设计报告

a.小组成员能正确完整写明实验内容　　　　　　　　　4　3　2　1

b.小组成员正确画出控制系统的硬件原理图　　　　　　4　3　2　1

c.小组成员正确画出控制系统的软件流程图　　　　　　4　3　2　1

d.测试结果与分析符合要求　　　　　　　　　　　　　4　3　2　1

e.流程图和程序的设计简洁模块清晰　　　　　　　　　4　3　2　1

f.报告文档版面清楚,格式完整　　　　　　　　　　　4　3　2　1

g.报告文档是否体现知识拓展模块的设计　　　　　　　4　3　2　1

h.报告文档最后写出学习小结,分析存在差距的原因　　4　3　2　1

B.实物作品展示

a.小组成员能够操作演示并有明显的效果　　　　　　　4　3　2　1

b.控制系统设计符合学习要求,能实现基本功能　　　　4　3　2　1

c.运算结果是否准确　　　　　　　　　　　　　　　　4　3　2　1

d.数码管能否显示数值　　　　　　　　　　　　　　　4　3　2　1

e.键盘设计连线是否正确、合理　　　　　　　　　　　4　3　2　1

f.控制系统的设计效果有创意　　　　　　　　　　　　4　3　2　1

3.6 学习与工作过程

工作任务背景：

计算器是平时生活中经常接触到的一种电子产品，它使用简单，实用性强，能为我们在平时的事务处理过程中解决很多的数学运算，给我们带来方便。但是大家知道计算器它是怎么工作吗？它又是怎样制作的或者说它的主体构造是什么？这个学习任务就要带来大家来解开这个问题。通过本任务的学习，指导学生对简单计算器的设计，可以使学生了解计算器的工作、结构原理和设计制作流程，从而了解电子产品的开发设计过程，并能加深对知识点的掌握。

我们常见的计算器主要是有三个基本部分组成：最小系统电路、键盘输入电路和数码管显示电路，其中单片机最小系统电路的组成我们在上一个任务已经掌握并会使用了。本任务主要利用单片机和键盘输入、数码显示等电路设计成一个计算器系统，该系统能够按规定要求进行三位十进制数字量的加减乘除等算术运算，系统的结构和功能虽然比较简单，但能够基本描述我们平时使用的计算器工作的基本原理。下面我们先来设计计算器的按键部分电路即键盘电路。

子任务一

4×4 矩阵式键盘的制作和使用

3.1　学习目标

学生完成本任务学习后,你应当能:

(1)叙述键盘结构、组成以及工作原理,解释按键由按下到被识别的原理过程;

(2)能根据要求,设计一个矩阵键盘电路,并进行安装、焊接;

(3)在教师指导下,查阅相关资料,对所设计的键盘电路进行初始化并调试,使其能够准确识别各按下按键并读取键值等功能。

3.2　任务描述

计算器主要由三个部分组成,日常使用计算器进行运算时,要运算的数字是怎么送给计算器系统? 还有进行运算的时候是如何控制数字执行加、减还是乘、除运算呢? 其实,这些在计算器里面都是通过键盘来将信息传送给系统的,计算器跟使用者直接接触的就是它的这些按键,这些按键实际上构成了计算器其中的一个组成部分——输入键盘电路。下面先以制作一个 16 按键的键盘为目标来学习这个键盘的结构、工作原理。

3.2.1　学习准备

本任务完成键盘的设计和调试工作,任务完成之前需要准备的一些与键盘结构原理以及键盘扫描原理的相关知识。

引导问题 1:在日常生活中所接触的各类键盘根据其结构特点不同分为哪几种形式的键盘?

键盘按其结构特点不同可以分为独立式按键和矩阵式键盘。

1.独立式键盘

独立式键盘就是将按键直接与 I/O 口相连的方式,如图 3-2 所示。当任意一个按键被按下,都会使相应的输入端出现低电平。若没有按键按下,则为高电平。各键相互独立,每个按键各接一根输入线,通过检测输入线的电平状态可很容易判断那个键被按下。

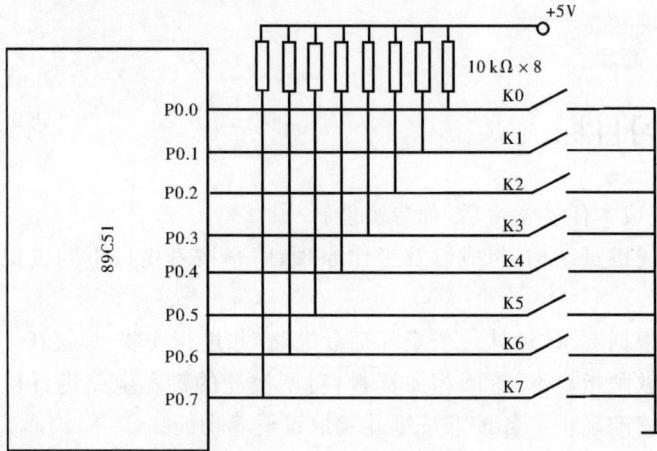

图 3-2　独立式键盘

2.行列式键盘

键盘上按键按行列构成矩阵,在每个行列的交点上连接一个按键,又称矩阵式键盘。

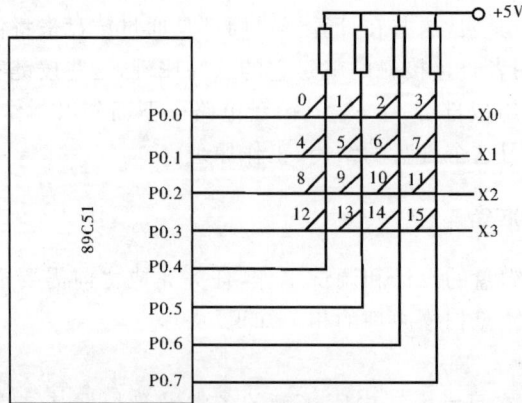

图 3-3　矩阵式键盘

思考：独立式键盘和矩阵式键盘在应用方法上有什么特点？

引导问题 2：在使用计算器时，按下键盘的各个按键都会执行一定的操作，怎么识别键盘上的按键是否有按下，按下的是哪个按键？

1.按键的识别功能

按键的识别功能是判断键盘中是否有按键按下，若有按键按下，则确定按键所在的行列位置和键值。按键的识别方法有扫描法和反转法两种，其中扫描法使用较为常见，一个按键的扫描过程为：

全扫描→消抖处理→逐行扫描→等待释放

下面以图 3-4 中的键盘为例，说明扫描法识别按键的具体过程：

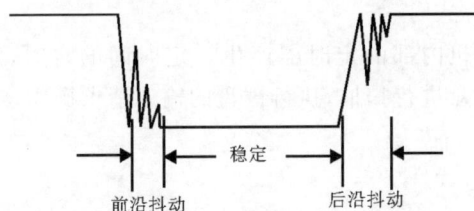

图 3-4　按键的抖动

(1)判断键盘上有无按键闭合。执行一次全扫描的过程，由 89C51 单片机向所有行线 X0～X3 输出低电平"0"，然后读列线 Y0～Y3 的状态，若为全"1"，即键盘上列线全为高电平，则说明键盘上没有按键闭合，若 Y0～Y3 不为全"1"则表明有键按下。

(2)消抖处理。为了保证按键识别的准确性，当判断有键闭合后，需要进行消抖处理。按键是一种机械开关，其机械触点在闭合或断开瞬间，会出现电压抖动现象，如图 3-4 所示。按键的消抖实质上是判定按键是否真的按下的过程。

(3)识别键号。实现一次逐行扫描过程。将行线中的一条置"0"，若该行无键闭合，则所有的列线状态均为"1"；若有键闭合，则相应的列线会为"0"。依次将行线置"0"，读取列线状态，根据行列线号获得键号。例如，在图 3-3 中，若 X0～X3 输出为 1101 时，读出 Y0～Y3 为 1101，则 X2 行 Y2 列相交的键处于闭合状态，闭合的键号等于为低电平行的首键号与为低电平的列号之和，即

N＝为低电平行的首键号＋为低电平的列号＝8＋2＝10

（4）键的释放。再次延时等待闭合键释放,键释放后将键值送入 A 中,然后执行处理按键对应的功能操作。

2.键盘的扫描方法

单片机对键盘的扫描方法有编程扫描方式、定时扫描方式和中断扫描方式 3 种。

（1）编程扫描方式

编程扫描方式是利用 CPU 的空闲时间,调用键盘扫描子程序,响应键盘的输入请求。

在扫描法中,CPU 的空闲时间必须扫描键盘,否则有键按下时 CPU 将无法知道,但多数时间中 CPU 处于空扫描状态,不利于程序的优化也浪费 CPU 资源。

（2）定时扫描方式

通常利用单片机内部的定时器产生一定时间的定时,定时时间到,CPU 响应定时中断对键盘进行扫描,执行键盘的输入请求操作,定时工作方式一般选择方式 2。

（3）中断扫描方式

只要有按键按下,键盘电路输出一信号,向单片机/INT0 引脚发出中断请求,CPU 执行中断服务程序,在服务程序中完成按键的判定和处理等各操作,这种方法可大大提高 CPU 的效率。

思考:什么是按键键值? 为什么要设置键值? 单片机对键盘有哪些扫描方法?

引导问题 3:系统在对按键识别的过程中,有执行一个消除抖动处理,在对键常见的消除抖动处理的方法主要有以下两种:

1.硬件去抖动

在键数较少时可用硬件方法消除键抖动。图 3-5 所示的 RS 触发器为常用的硬件去抖电路。

图中两个"与非"门构成一个 RS 触发器。当按键未按下时,输出为 1;当键按下时,输出为 0。此时即使用按键的机械性能,使按键因弹性抖动而产生瞬时断开（抖动跳开 B）,中要按键不返回原始状态 A,双稳态电路的状态不改变,输出保持 0,不会产生抖动的波形。也就是说,即使 B 点的电压波形是抖动的,但经双稳态电路之后,其输出为正规的矩形波。这一点通过分析 RS 触发器的工作过程很容易得到验证。

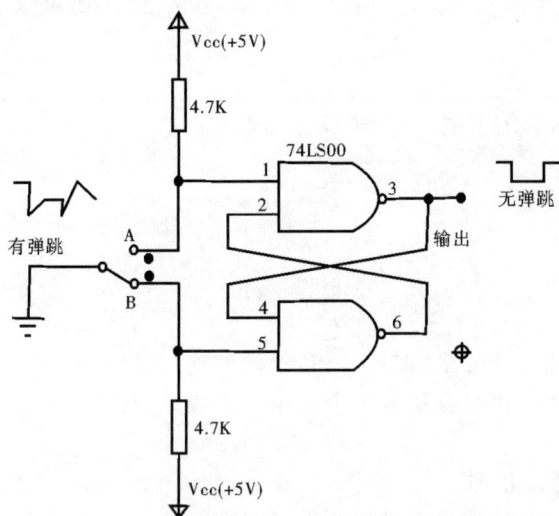

图 3-5　去抖动电路

2.软件去抖动

对于使用按键的键盘,常用软件方法去消抖,即检测出键闭合后执行一个延时程序,产生一定长度时间的延时,让前沿抖动消失后再一次检测键的状态,如果仍保持闭合状态电平,则确认为真正有键按下,延长的时间一般设置在 5～10 ms。当检测到按键释放后,也要给 5～10 ms 的延时,待后沿抖动消失后才能转入该键的处理程序,即要等待按键的释放。

3.2.2　工作计划

任务分析:本任务要求设计一个带有 16 个按键的键盘,将键盘电路和最小系统电路连接,编程调试,测试按键数值被 CPU 识别的情况,并对识别的按键信息进行保存。

在本任务设计中,你必须完成以下工作:

(1)键盘设计方案的选择(独立式还是矩阵式键盘),电子元件的准备;

(2)电路设计部分分解、焊接、连接;

(3)控制程序书写,调试,测试对按键信息的识别是否准确。

引导问题 4:通过上面的知识学习,在本任务的完成过程中,要设计这样一个 16 按键键盘,我们可以采用哪一种方案设计键盘?

答案:采用矩阵式键盘可以设计为 4×4 或者 2×8 等键盘。

原因:为什么? _____

_____

1.学生根据选定方案,设计本任务的硬件图

学生根据选定的方案,在设计、布置硬件连接图时,小系统电路和键盘电路可以先分开制作再组合作为一个应用小系统,这样小系统电路可以为后续任务使用。

2.绘制程序流程图

学生根据任务计划完成过程补充下面流程图。

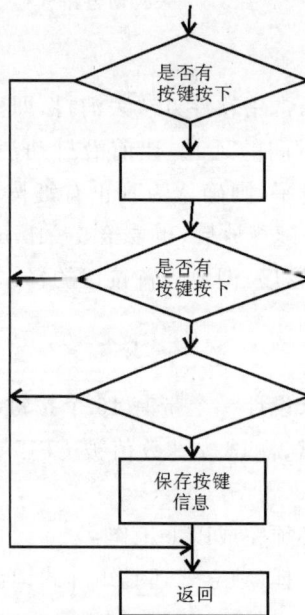

图 3-6　键盘扫描流程图

3.程序设计

假设识别到的按键信息保存在 R4 寄存器中,根据任务要求补充以下程序:

```
BEGIN:  MOV R4,＃00H        ;R4 寄存器清零
        MOV P1,＃0F0H       ;P1 口高四位置 1
        MOV A,P1           ;输入 P1 口数据
        ANL A,＃0F0H        ;屏蔽低四位
        CJNE A,＃0F0H,DELAY  ;判断有没有键按下,若有调延时
        SJMP RETU          ;转返回
DELAY:
```

```
RETU:   RET
        DEL10:……           ;10 ms 延时子程序略
```

3.2.3　**任务实施**

分组讨论,按确定的方案分工独立开展工作,完成以下操作。

1.软件仿真

(1)启动电子设计系统 Proteus,新建一个设计文件,按如图 3-7 所示。

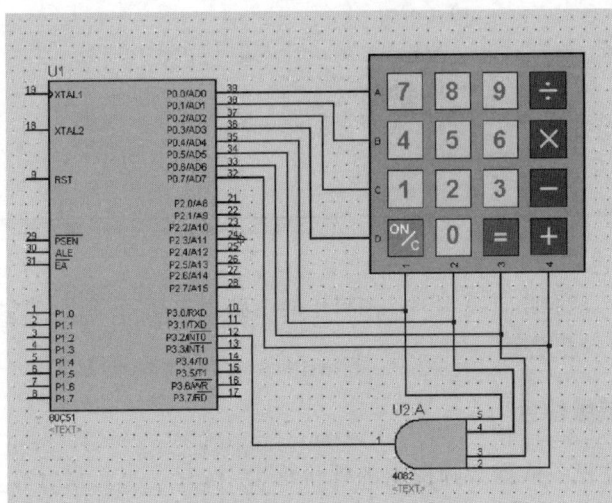

图 3-7　键盘电路仿真图

(2)运行 Keil uVision3,建立新的项目文件,并在如图 1-11 所示的仿真选项中选择联调模式。

(3)新建 asm 文件,编写程序并编译。

(4)按下调试按钮 ⚫ ,与 proteus 连接成功后,按下按钮 ▣ ,运行程序,按下键盘电路上按钮,观察运行结果。

请查阅相关资料,思考调试的观测点和所采取的调试方法?

若程序正确无误,请记录你所观察到的结果。

若程序出现错误,请观察信息窗口中的信息并思考为什么?

2.搭建硬件电路

(1)请采用可用的资源,在教师提供的元器件库中选择,并为元件选择正确参数,完成以下设备清单。

表 3-2

序号	元件名称	规格	数量
1	89C51 单片机		
2	晶振		
3	起振电容		
4	复位电容		
5	复位电阻		
6	限流电阻		
7	按钮		
8	DIP 封装插座		
9	门电路		

(2)制作电路板。

3.将程序烧写到 51 芯片中,在制作的电路板上运行调试,直到功能实现。

4.完成设计报告。

3.2.4 成果检查

在整个过程中依据教师提供的评价标准,检查本小组设计作品是否符合要求地完成了工作任务。

检查硬件电路的设计方案是否满足题目要求,硬件电路的布线是否合理,焊接过程是否出现虚焊,焊点脱落等问题。软件程序的设计能否实现既定功能,能不能识别到按键的键值信息,程序在仿真过程是否准确合理。

仿真运行结果能否识别到按键信息? 识别到的按键键值如果与预计的按键键值不一致,分析为什么会出现这个问题?

3.2.5 学业评价

(1)小组中一位成员展示制作完成的作品,小组给出自评成绩。

(2)小组一位成员介绍一下小作品制作的思路和需要用到的理论知识,小组各成员回答教师的提问,教师做记录总结,并将结果反馈给学生。

(3)教师结合小组所提交的设计项目,根据学习过程按任务要求独立正确地完成;以及项目报告的完成情况等对项目完成的成果进行评价,并将评价过程记录到下面表格。

(详见学习任务三学业评价表)

子任务二

数码显示电路制作

3.1 学习目标

通过本任务的学习和制作,你应会:

(1)叙述数码显示电路静态显示和动态显示方式的工作原理及应用方法;

(2)查阅相关资料,独立设计一个静态显示或动态的显示硬件电路;

(3)在教师指导下,对电路进行控制编程并仿真、调试,实现既定功能。

3.2 任务描述

显示电路的作用显示指定的数字或者符号,在计算器的工作过程主要是完成对过程的输入量和运算后的结果量输出的显示功能,这里我们以八段数码管显示电路为例,设计一个能显示多位数字量的电路。我们现在先来学习数码管的显示原理。

3.2.1 学习准备

本任务完成数码显示电路的设计和调试工作,任务完成之前需要准备的一些与数码显示电路结构和显示原理相关的知识。

引导问题 1:数码显示电路中数码管可以显示运算过程和运算结果的相关数字量,LED 数码管它是利用什么原理来显示这些数字量的?

LED(Light Emitting Diode)是发光二极管的缩写,LED 数码显示器是由若干段发光二极管构成的,当某些段的发光二极管导通时,显示对应的字符。LED 显示器控制简单,使用方便,在单片机中应用非常普遍。

LED 数码显示器内部的发光二极管有共阴极和共阳极两种连接方法,图

3-7 中的(a)图为共阴极,(b)为共阳极。

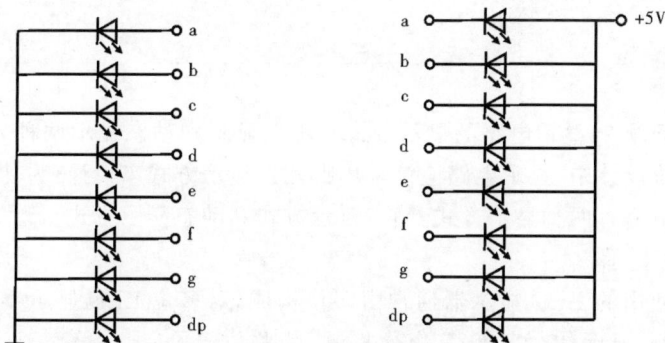

图 3-8　八段数码管

　　若为共阴极接法,则输入高电平时发光二极管点亮;若为共阳极接法,则输入低电平时发光二极管点亮。

　　使用 LED 显示器时,要注意区分两种不同的接法。为了显示数字或符号,要为 LED 显示器提供代码(字形码),在两种接法中字形码是不同的。

　　7 段发光二极管再加上一个小数点位,共计 8 段,提供给 LED 显示器的字形码正好 1 个字节,各字形码的对应关系如下表 3-3。

表 3-3

代码位	D7	D6	D5	D4	D3	D2	D1	D0
显示段	Dp	g	f	e	d	c	b	a

　　用 LED 显示器显示十六进制数的字形码见表 3-4,根据共阳极显示段码将共阴极显示的段码填入下表 3-4。

表 3-4　八段管段码表

显示字符	共阳极码	共阴极码	显示字符	共阳极码	共阴极码
0	C0H		8	80H	
1	F9H		9	90H	
2	A4		A	88H	
3	B0H		B	83H	
4	99H		C	C6H	
5	92H		D	A1H	
6	82H		E	86H	
7	F8H		f	84H	

思考:共阴和共阳数码管对数字显示,硬件电路的连接有什么区别? 段码的设置有什么区别或联系?

引导问题 2:显示电路的显示方式有静态显示和动态显示两种方式,在本计算器系统设计中,显示电路应该采用哪几种显示方式来设计,为什么?

显示电路有两种显示方式:静态显示方式和动态显示方式。

1.静态显示

实际使用的 LED 显示器通常由多位构成,对多位 LED 显示器的控制包括字形控制(显示什么字符)和字位控制(哪些位显示)。在静态显示方式下,每一位显示器的字形控制线是独立的,分别接到一个 8 位 I/O 接口上,字位控制线连在一起,接地或+5 V。

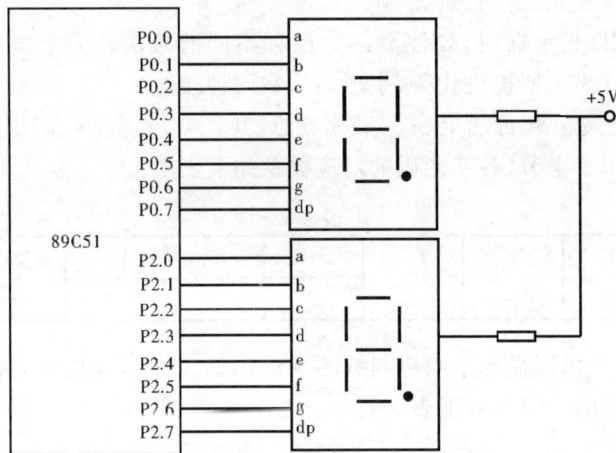

图 3-9　八段管与单片机的连接

图 3-9 所示为 2 位 LED 显示器与 89C51 单片机的接口电路。

试编程将内部 RAM 中的 BCD1(十进制的个位)和 BCD2(十进制的十位)单元的数值分别显示于 2 个 LED 显示器上?

在静态显示方式中,由于每一位 LED 显示器分别由一个 8 位输出口控制字形码,显示器能稳定且独立显示字符,这种方式编程简单,但占用的 I/O 口多,适合于显示器位数少的场合。

　　静态显示还可以采用串行显示的形式,它是利用 89C51 的串行口工作在方式 0(同步移位寄存器方式)时,向串入并出的移位寄存器发送字形码实现显示的,这种工作方式可以用最少的口线,实现多位 LED 显示。常用的移位寄存器有 74LS164、CD4094 等。

　　74LS164 的引脚如图 3-10 所示。其中,Q0～Q7 为并行输出端,A、B 为串行输入端,CK 为时钟输入端,CLR 为清零端。由它构成的静态显示电路如图 3-11 所示。

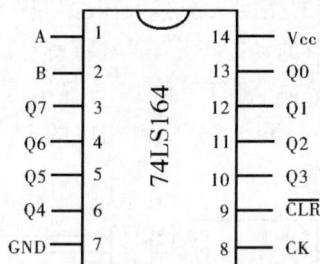

图 3-10　74LS164 引脚图

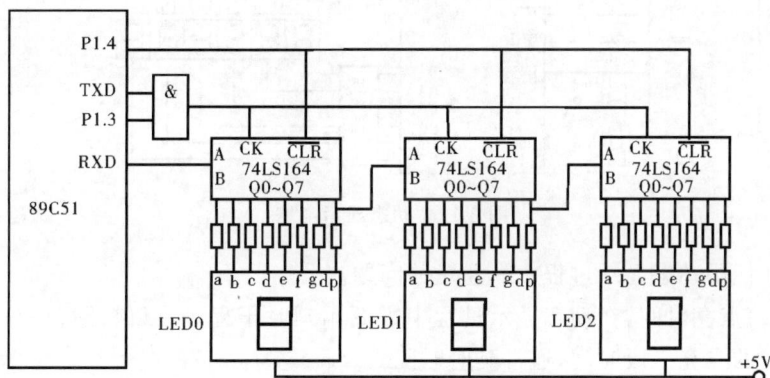

图 3-11　静态显示电路

　　图中,74LS164 作为七段数码管的输出口,89C51 单片机的 P1.3 作为同步脉冲的输出控制线,P1.4 作为 74LS164 的清零控制端。

　　假设单片机片内 RAM 中 50H 开始的 3 个单元存放着 3 位待显示的字符,采用图 3.10 中的串行显示方式电路,试编写程序将字符显示出来。

2.动态显示

当 LED 显示器位数较多时,为简化电路一般采用动态显示方式。所谓动态显示是多只数码管共享段码线,通过位选线逐位逐位进行扫描显示,一位一位轮流点亮每位显示器,在同一时刻只有一位显示器在工作(点亮),但由于人眼的视觉暂留效应和发光二极管熄灭时的余晖,将出现多个字符"同时"显示的现象。

必须注意:扫描周期必须控制在视觉停顿时间内时间太长会出现闪烁或跳动现象,时间太短,显示的亮度又不够,一般控制在 20 ms 以内。

为了实现 LED 显示器的动态显示,通常将所有位的字形控制线并联在一起,由一个 8 位 I/O 接口控制,将每一位 LED 显示器的字位控制线(即每个显示器的阴极公共端或阳极公共端)分别由相应的 I/O 接口控制,实现各位的分时选通,结构原理图如图 3-12 所示。

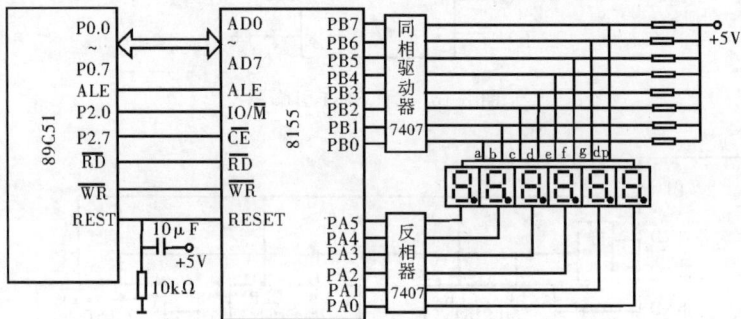

图 3-12　动态显示电路

在使用动态显示过程中需注意的问题。

(1)点亮时间,在动态显示过程中需调用延时子程序,以保证每一位显示器稳定的点亮一段时间,通常延时时间为 4 ms 左右。

(2)驱动能力,在动态显示方式下,LED 显示器的工作电流较大,尤其在字位控制线上的驱动电流可达 40～60 mA,为了保证显示器具有足够的亮度,通常连接驱动器提高驱动能力。常用的驱动器有 7406 和 7407 等。

3.2.2　工作计划

任务分析:设计一个显示电路实现指定六位数字的显示。比如,在单片机内部 RAM 中设置 6 个显示缓冲单元 50H～55H,存放 6 位需要显示的字符数据,现设计一个电路显示缓冲区的 6 位数据。

98

引导问题 3:要设计一个显示电路实现六位数字显示,可以采用什么电路形式? 为什么?

根据上面的知识分析,待显示的数据有 6 位,显示位数比较多,我们可以利用单片机结合相应的门电路等设计动态显示电路方式,当然也可以采用串行传输的静态显示方式,这里我们选取第一种方案。

在本任务设计中,你必须完成以下工作:

(1)显示电路设计方案的选择(静态显示还是动态显示?),原理图的绘制;

(2)元件的选择和准备;

(3)电路的分解、焊接、组合;

(4)显示控制程序的编写、调试,是否能显示指定数字量,有没有出现闪烁、亮度低等问题,怎么修正。

1.学生根据选定方案,参考图 3-12 设计本任务的硬件连接图。

硬件图接线可以参考图 3-12,P0 口接 8155 的 8 位数据线,8155 的 PB 口经过同相驱动器 7407 接数码管 8 为数据输入端,作为字形控制口;PA 口经反相器 7404 接 6 个数码管的使能引脚。由此可知,8155 控制口的地址为7F00H,A 口的地址为 7F01H,B 口的地址为 7F02H。

2.假设电路实现将内部 RAM 50H 单元开始连续 6 个单元十进制数据显示到 6 个数码管上,试写出控制程序流程图:

3.程序设计

```
START:      MOV A,#03H          ;8155 初始化
            MOVDPTR,#7F00H
            MOVX@DPTR,A
            MOVR0,#50H          ;显示数据缓冲区首地址送 R0
            MOVR3,#01H          ;使显示器最右边位亮
            MOVA,R3
LOOP:



            AJMPLOOP
ELD1:       RET
DSEG:       DB3FH,06H,5BH,4FH,66H,6DH
DSEG1:      DB 7DH,07H,7FH,67H,77H,7CH
DSEG2:      DB 39H,5EH,79H,71H
DL1:                            ;1 ms 延时子程序
```

3.2.3 任务实施

分组讨论,按确定的方案分工独立开展工作,完成以下操作。

1.软件仿真

(1)启动电子设计系统 Proteus,新建一个设计文件,按如图 3-13 所示。

(2)运行 Keil uVision3,建立新的项目文件,并在如图 1-11 所示的仿真选项中选择联调模式。

100

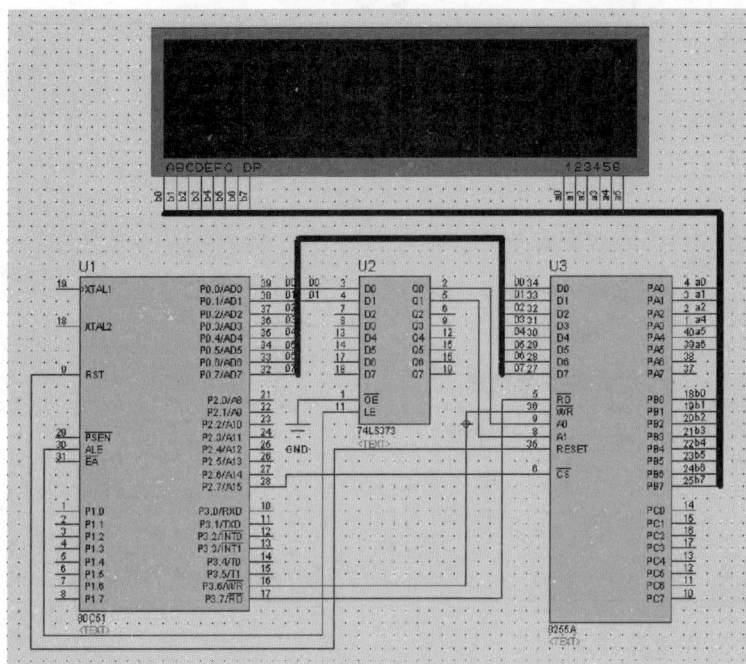

图 3-13　数码显示电路仿真图

（3）新建 asm 文件，编写程序并编译，设置相应显示单元的值。

（4）按下调试按钮 🔍，与 proteus 连接成功后，按下按钮 🔲，运行程序。

请查阅相关资料，思考调试的观测点和所采取的调试方法？

若程序正确无误，请记录你所观察到的结果。

若程序出现错误，请观察信息窗口中的信息并思考为什么？

2.搭建硬件电路

（1）请采用可用的资源，在教师提供的元器件库中选择，并为元件选择正确参数，完成以下设备清单（表 3-5）。

表 3-5

序号	元件名称	规格	数量
1	89C51 单片机		
2	晶振		
3	起振电容		
4	复位电容		
5	复位电阻		
6	限流电阻		
7	7 段数码管		
8	DIP 封装插座		
9	8155 芯片		
10	门电路		

（2）制作电路板。

3.将程序烧写到 51 芯片中,在制作的电路板上运行调试,检查是否能够显示指定数字,调试直到功能实现。

4.完成设计报告。

思考:在硬件电路的运行调试过程中,若对数字的显示出现闪烁、或者显示亮度不够的问题,这是什么原因造成的? 怎么修正?

3.2.4 成果检查

检查硬件电路的设计方案是否满足题目要求,硬件电路的布线是否合理,焊接过程是否出现虚焊,焊点脱落等问题。

检查软件程序的设计能否实现既定功能,能不能显示指定数据,程序在仿真过程是否准确合理,仿真过程有没有出现问题,修改情况如何。

3.2.5 学业评价

（1）小组中一位成员展示制作完成的作品,小组给出自评成绩。

（2）小组一位成员介绍一下小作品制作的思路和需要用到的理论知识,小组各成员回答教师的提问,教师做记录总结,并将结果反馈给学生。

(3)教师结合小组所提交的设计项目,根据学习过程按任务要求独立正确地完成;以及项目报告的完成情况等对项目完成的成果进行评价,并将评价过程记录到下面表格。

(详见学习任务三学业评价表)

子任务三

计算器系统电路制作

3.1 学习目标

通过本任务的学习,你应会:

(1)叙述算术运算类指令的功能和运算过程,熟记有关算术运算类指令;

(2)应用合适的指令解决不同的问题,熟悉加、减、乘、除指令的应用;

(3)叙述计算器系统的组成结构和工作原理过程;

(4)叙述简单电子产品的开发过程。

3.2 任务描述

在前面的任务中,学生学习并掌握了键盘电路、显示电路的设计,并编写了相关控制程序。在本任务中,需要综合利用前面两个任务的知识,设计本任务系统电路,并编写控制程序,该计算器能一个字节数据运算能力。

3.2.1 学习准备

本任务的完成建立在对任务 1、2 完成的基础上,并对任务 1、2 所涉及的电路进行相应修改和组合连接。

本计算器系统主要由三个部分组成:4×4 矩阵式键盘扫描电路、单片机的控制运算模块(最小系统电路)、4 位动态数码显示电路的显示模块。

在对系统电路设计之前,应先根据教学资料做好对运算类指令的学习准备工作。

引导问题 1:计算器正常工作时,能对输入数字执行指定算术运算操作,控制计算器执行运算的指令有哪些?试根据指令功能完成下面题目。

例 1　设(A)＝C3H,数据指针低位(DPL)＝ABH,CY＝1

执行指令:ADDC A, DPL ; (A) ← (A)＋(CY)＋(DPL)

结果为:＿＿＿＿＿＿＿＿＿＿＿＿＿＿＿＿＿＿＿＿＿＿＿

参考答案:(A)＝6FH, CY＝1, OV＝1, AC＝0, P＝0。

例 2　设(A)＝52H,(R0)＝B4H

执行指令:

CLR C ; (CY)←0 , C3

SUBB A, R0 ; (A) ← (A)－(CY)－(R0) , 98

结果为:＿＿＿＿＿＿＿＿＿＿＿＿＿＿＿＿＿＿＿＿＿＿＿

参考答案:(A)＝9EH, CY＝1, AC＝1, OV＝1, P＝1。

例 3　设(R0)＝7EH,(7EH)＝FFH,(7FH)＝38H,(DPTR)＝10FEH,分析逐条执行下列指令后各单元的内容。

INC @R0　　　　;＿＿＿＿＿＿＿＿＿＿＿＿＿＿＿＿＿＿

INC R0 ;＿＿＿＿＿＿＿＿＿＿＿＿＿＿＿＿＿

INC @R0 ;＿＿＿＿＿＿＿＿＿＿＿＿＿＿＿＿＿＿

INC DPTR ;＿＿＿＿＿＿＿＿＿＿＿＿＿＿＿＿＿

INC DPTR ;＿＿＿＿＿＿＿＿＿＿＿＿＿＿＿＿＿

INC DPTR ;＿＿＿＿＿＿＿＿＿＿＿＿＿＿＿＿＿

例 4　设 R0＝30H,(30H)＝22H,执行 DEC @R0 后,(30H)＝＿＿＿＿＿

例 5　若(A)＝4EH(78),(B)＝5DH(93)

执行指令:MUL AB

结果为:＿＿＿＿＿＿＿＿＿＿＿＿＿＿＿＿＿＿＿＿＿＿＿

例 6　A＝30H,B＝07H,执行 DIV AB 后,A＝＿＿＿＿＿,B＝＿＿＿＿。

该计算器系统能执行三位十进制数字量(运算数值以及结果在 255 以内)的算术运算,单片机上电工作后,显示设备会全亮,当按下数字键时会显示所按数字,输入的数字以十进制形式显示,当按下的数字位数大于三位、或者数值超过 255 的三位数字时,会提示显示结果出错,并复位显示 0(出错显示字符也可由学生设定),按下"＝"按钮时显示结果(包括提示的错误信息),按下"C"按钮时执行显示清零并复位。

3.2.2　学习计划

任务分析:

(1)该任务设计要求设计、组合出一个完整计算器实物,在对任务 1、2 两个子任务设计和理解的基础上,对两个子任务的电路进行组合并相应修改,设计出所要求的系统。

(2)本任务执行过程要思考以下问题,并考虑如何执行:

①系统组合时候如何科学规范外电路与单片机的引脚连接。

②动态显示和静态显示电路有什么区别,本系统显示电路设计为动态显示方案可以怎么实现?

③如何根据计算器要实现的功能,科学设计控制流程图。

引导问题 2:电路连接运行后,键盘输入的数字如何送由显示电路显示?

由输入到显示实际上包括子任务一、二叙述的两个过程,输入的数字先保存到单片机内部存储单元,这个过程由键盘电路完成;再将内部存储单元数字送由数码显示电路显示,这个过程有显示电路完成

思考:系统电路实现一个字节数据的算术运算,运算过程或运算结果如果超出一个字节数据大小,系统应该如何识别并处理?

(1)按系统要求设计硬件电路图

参考以下电路,将电路补充完整。

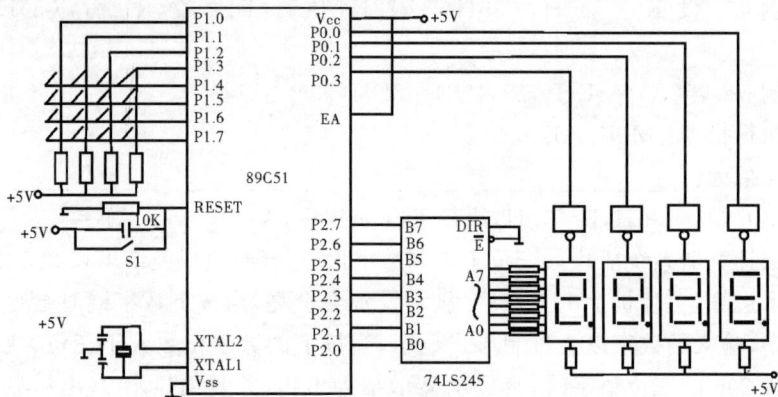

图 3-14　计算系统电路图

（2）画出系统程序流程图

（3）程序设计

3.2.3　任务实施

分组讨论，按确定的方案分工独立开展工作，完成以下操作。

1.软件仿真

（1）启动电子设计系统 Proteus，新建一个设计文件，按如图 3-15 所示。

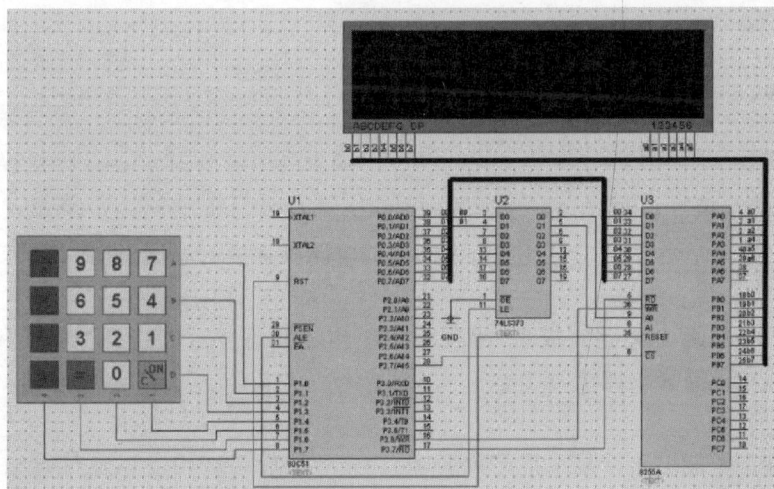

图 3-15　计算器系统仿真图

（2）运行 Keil uVision3，建立新的项目文件，并在如图 1-11 所示的仿真选项中选择联调模式。

（3）新建 asm 文件，编写程序并编译。

（4）按下调试按钮 ⑨ ，与 proteus 连接成功后，按下按钮 ⑨ ，运行程序。

请查阅相关资料，思考调试的观测点和所采取的调试方法？

若程序正确无误，请记录你所观察到的结果。

若程序出现错误，请观察信息窗口中的信息并思考为什么？

2.搭建硬件电路

（1）请采用可用的资源，在教师提供的元器件库中选择，并为元件选择正确参数，完成以下设备清单（表 3-6）。

表 3-6

序号	元件名称	规格	数量
1	89C51 单片机		
2	晶振		
3	起振电容		
4	复位电容		
5	复位电阻		
6	限流电阻		
7	按钮		
8	DIP 封装插座		
9	门电路		

（2）制作电路板。

3.将程序烧写到 51 芯片中，在制作的电路板上运行调试，直到功能实现。

引导问题 3：电路完成后，编写一程序测试数码显示电路是否能使用，比如让显示电路显示四个"8"。

如果不能够正常显示指定数字，要检查数码管接线情况以及数码电路与单片机的连接是否正确、牢固，数码管是否烧毁等，直至能够显示出指定数字硬件连接。如能正确显示，可以进行下一步测试：

编写控制程序实现将键盘按下的数字显示出来，显示过程可以先显示一位数、二位数,再显示三位数。

完成上面两个步骤的测试后,再将系统控制程序写入单片机。

4.完成设计报告。

3.2.4 成果检查

检查硬件电路的设计方案是否满足题目要求,硬件电路的布线是否合理,焊接过程是否出现虚焊,焊点脱落等问题。

检查软件程序的设计能否实现既定功能,能不能显示指定数据,程序在仿真过程是否准确合理,仿真过程有没有出现问题,修改情况如何。

3.2.5 学业评价

(1)小组中一位成员展示制作完成的作品,小组给出自评成绩。

(2)小组一位成员介绍一下小作品制作的思路和需要用到的理论知识,小组各成员回答教师的提问,教师做记录总结,并将结果反馈给学生。

(3) 教师结合小组所提交的设计项目,根据学习过程按任务要求独立正确地完成;以及项目报告的完成情况等对项目完成的成果进行评价,并将评价过程记录到下面表格。

(详见学习任务三学业评价表)

学习任务 4

串行通信控制的设计与制作

4.1　任务描述

在工业应用中,经常会遇到远程控制的问题,就会有涉及用单片机与单片机或者与 PC 机之间的通信,本情境用 8051 单片机串行口,实现两台或几台单片机之间的通信控制。利用单片机芯片的 I/O 口外接单片机,当双机通信时,可以把一台单片机的数据传送到另一台单片机,在工业控制中,经常使用单片机来控制机组工作,也是双机通信的应用,还可实现一台单片机主机和几台单片机从机之间的通信,在实际应用的楼宇控制系统就是单片机的多机通信的应用,在工业控制中还有用到单片机和 PC 机之间的通信,通过数据交换来实现对一些设备的控制。

4.2　学习与工作内容

本学习情境要求学生在理解串行通信的原理的基础上,使用单片机编程,逐步从完成简单的串行通信,到实现单片机与单片机之间的双机通信、多机通信,再到完成单片机与外部的 PC 机的通信,最终掌握实现单片机串行通信的方法。本情境的学习内容结构图如图 4-1 所示。

学生通过本课业完成以下工作任务:

(1)学生查阅相关资料,对主题进行更多的思考,完成调查的报告;

(2)做出串行通信、双机通信和多机通信的硬件电路图和电路接线图;

(3)画出实现相应功能的控制程序流程图;

(4)利用可用的资源做出设备选型清单;

(5)以小组为单位分别独立开展工作,进行硬件电路连接和控制程序设计;

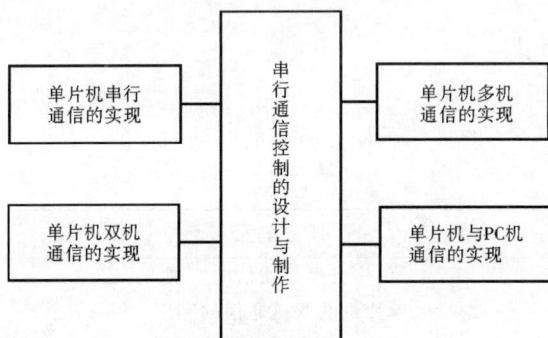

图 4-1　学习内容结构图

（6）进行系统的硬件、软件设计进行调试，检查设计作品是否符合要求地完成了工作任务；

（7）完成项目设计报告并作汇报，对项目作品进行自我评价，结合教师与学生共同评价后的建议，提出整改意见。

4.3　学习目标

完成本学习任务后，你应当能：

（1）掌握串行通信的基本参数，并能在没有教师直接指导下独立完成波特率的选择和设置任务；

（2）掌握串行通信的基本原理，并能在没有教师直接指导下独立完成串行口的初始化编程任务；

（3）理解双机通信的原理，并能在教师直接指导下完成硬件线路连接，编程调试实现单片机与单片机之间的双机通信；

（4）理解多机通信的原理，并能在教师直接指导下完成硬件线路连接，编程调试实现单片机的多机通信；

（5）在教师直接指导下要求下硬件线路连接，编程和软件调试完成单片机与 PC 机之间的通信任务。

4.4　时间要求

完成学习任务 4 的工作子任务所需的时间表 4-1。

表 4-1

载体	任务单元	学时
子任务 1	单片机串行通信的实现	2
子任务 2	单片机的双机通信的实现	6
子任务 3	单片机的多机通信的实现	3
子任务 4	单片机与 PC 机通信的实现	3

4.5　学业评价形式及标准

实行多评价主体参与的学习全过程综合考核制度,考核按照平时训练和综合训练相结合、理论和实践相结合、实物和答辩相结合的原则进行,最终成绩根据学习过程"小组合作学习"学习表现、关键能力表现、实物作品展示、项目报告和答辩结果来确定。

(详见学习任务四学业评价表)

学习任务四学业评价表

1."小组合作学习"学习表现评价表(1)

"小组合作学习"学习表现评价表(1)

组别：　　　　　　　　　　　评价主体：

说明：监控：监控小组在合作完成学习任务时每种行为发生的频率。

　　评价："4"表示行为总是发生；"3"表示行为经常发生；

　　　　　"2"表示行为很少发生；"1"表示行为没有发生。

1.明确学习目标和任务后,立即讨论制订学习计划	1	2	3	4
2.小组成员中软硬件设计任务分工明确	1	2	3	4
3.小组成员注意倾听并考虑别人的观点	1	2	3	4
4.大家共享信息资源	1	2	3	4
5.完成任务过程能认真研究遇到的问题并主动思考解决办法	1	2	3	4
6.完成任务时积极,小组成员之间主动合作	1	2	3	4
7.完成任务时感兴趣,小组成员积极参与	1	2	3	4
8.完成任务时有目的性,小组成员之间相处融洽	1	2	3	4
9.完成任务时充满激情,小组成员之间主动沟通	1	2	3	4
10.按任务要求独立开展学习与工作	1	2	3	4
11.小组成员献计献策制订较优化的系统设计方案	1	2	3	4
12.小组成员对仪器仪表操作规范,符合要求	1	2	3	4
13.小组成员能合理选择元器件	1	2	3	4
14.按时完成设计报告并汇报在团队中的设计任务	1	2	3	4
15.完成的电路能实现设计所要求效果并有创新	1	2	3	4
16.完成的控制系统设计后,工作台面整洁	1	2	3	4

2."关键能力"评价表

"关键能力"评价表

组别: **评价主体:**

说明:监控: 监控小组在合作完成学习任务时每种行为发生的频率。

       评价:(4)表示4分;(3)表示3分;(2)表示2分;(1)表示1分。

1.获取与处理信息的能力

(1)能够从教科书和课堂获得所需信息。

(2)能够利用学校的信息源获得所需信息。

(3)能够从大众媒体和所有渠道获得所需信息。

(4)能够开拓创造新的信息渠道;从日常生活和工作中随时捕捉有用的信息。

2.工作与学习的方法能力

(1)能够回忆、再现学习内容。

(2)能够在一定的时间范围内独立学习。

(3)能够独立确定学习的时间、方法;能解决调试过程出现的问题。

(4)能够认识自己的缺陷并及时补救;独立决定学习进度和制定设计方案。

3.计划组织与执行能力

(1)能够解释工作过程;依据教师制定的标准检查工作任务是否完成。

(2)能够按照给定的工作计划较灵活地完成设计任务;独立评估成果。

(3)能够熟练运用所学知识技能独立制定项目工作计划。

(4)能够对复杂任务进行模块化设计并独立解决问题。

4.交流与合作能力

(1)能够参与讨论;完成小组给定的软硬件设计任务。

(2)能够在讨论中提出自己的见解;适应小组工作方式。

(3)在小组工作中态度友好,富有创新性。

(4)能够代表本专业与其他同学合作;在工作小组中活动自如。

5.心理承受力

(1)能够在教师监督下完成任务和自我评估成果;胜任较低心理要求的工作。

(2)能够胜任中等心理要求的工作。

(3)责任心更加经常化、自觉化;由于自信心等原因,能胜任较高要求。

(4)能够自觉对小组和项目负责;有完成重大任务的心理准备。

114

3.小组"口头汇报"行为表现评价表

小组"口头汇报"行为表现评价表

组别:　　　　　　　　　　　　　　汇报人:

汇报内容:　　　　　　　　　　　　评价主体:

说明:监控:监控小组代表在做口头汇报时每种行为发生的频率;

　　　评价:"4"表示行为总是发生;"3"表示行为经常发生;

　　　　　"2"表示行为很少发生;"1"表示行为没有发生。

A.身体表现

a.站直,面向观众　　　　　　　　　　　　4　　3　　2　　1

b.面部表情随着表达内容的变化而变化　　4　　3　　2　　1

c.保持与观众眼神的交流　　　　　　　　4　　3　　2　　1

d.适当的手势　　　　　　　　　　　　　4　　3　　2　　1

B.声音表现

a.说话节奏平稳,语速适当　　　　　　　4　　3　　2　　1

b.用声调变化强调重点　　　　　　　　　4　　3　　2　　1

c.声音足够大,每一位听众都能够听清楚　4　　3　　2　　1

d.发音正确,吐字清晰　　　　　　　　　4　　3　　2　　1

C.语言表达

a.表达时用词恰当准确　　　　　　　　　4　　3　　2　　1

b.信息组织逻辑清晰　　　　　　　　　　4　　3　　2　　1

c.语言简练,不啰嗦　　　　　　　　　　4　　3　　2　　1

d.表达流畅,语意完整　　　　　　　　　4　　3　　2　　1

e.能正确回答教师提问　　　　　　　　　4　　3　　2　　1

f.回答问题及时　　　　　　　　　　　　4　　3　　2　　1

4.技能作品评价表

技能作品评价表

组别：   汇报人：

汇报内容：   评价主体：

说明：监控：监控小组代表在做口头汇报时每种行为发生的频率；
　　　评价："4"表示行为总是发生；"3"表示行为经常发生；
　　　　　"2"表示行为很少发生；"1"表示行为没有发生。

A.项目设计报告

a.小组成员能正确完整写明实验内容　　　　　　　　4　　3　　2　　1

b.小组成员正确画出控制系统的硬件原理图　　　　　4　　3　　2　　1

c.小组成员正确画出控制系统的软件流程图　　　　　4　　3　　2　　1

d.测试结果与分析符合要求　　　　　　　　　　　　4　　3　　2　　1

e.流程图和程序的设计简洁模块清晰　　　　　　　　4　　3　　2　　1

f.报告文档版面清楚,格式完整　　　　　　　　　　4　　3　　2　　1

g.报告文档是否体现知识拓展模块的设计　　　　　　4　　3　　2　　1

h.报告文档最后写出学习小结,分析存在差距的原因　4　　3　　2　　1

B.实物作品展示

a.小组成员能够操作演示并有明显的效果　　　　　　4　　3　　2　　1

b.控制系统设计符合学习要求,能实现基本功能　　　4　　3　　2　　1

c.能否关闭并行输出,开启串行输出　　　　　　　　4　　3　　2　　1

d.发送初始化是否正确　　　　　　　　　　　　　　4　　3　　2　　1

e,一位数据传送完了以后,TI标志的设置是否准确　　4　　3　　2　　1

f.每位数据的发送和接收是否正确　　　　　　　　　4　　3　　2　　1

g.硬件电路完成是否正确,是否有进行电平转换　　　4　　3　　2　　1

h.通信显示形式是否有创意　　　　　　　　　　　　4　　3　　2　　1

4.6　学习与工作过程

工作任务背景：

本项目主要通过对串行通信控制的过程控制,可以使学生能解释串行通信的原理和数据的通信过程,了解程序开发设计过程,并能加深对知识点的掌握。

该项目利用单片机编程控制实现单片机与单片机之间以及单片机与 PC 机之间的通信,在项目中,通过完成实际不同的任务,循序渐进使学生能掌握串行通信的方法,并在教师的指导下完成单片机与单片机之间的双机和多机通信,以及单片机和 PC 机通信的过程。

子任务一

单片机串行通信的实现

4.1 学习目标

完成本环节的学习,你应当能:

(1)叙述单片机串行通信与并行通信的区别;

(2)叙述串行通信的几种数据传送方式和几种工作方式,并能根据图形解释它们之间的联系和区别;

(3)叙述串行通信的数据传送的工作原理,解释数据发送和接收的过程;

(4)在教师的指导下,查阅相关资料,制定实现一个简单的串行口通信的计划;

(5)按照指定计划实施串行通信过程,保证能达到任务的要求。

4.2 任务描述

该任务利用单片机串行通信的原理,在单片机的串行口外接 CD4094 扩展 8 位并行输出口,每个并行口接一个发光二极管,通过单片机发送数据来控制发光管轮流发光,使它们呈流水灯状态,从而完成一次简单的串行通信的过程。

4.2.1 学习准备

引导问题 1:要实现单片机的串行通信,首先应了解串行通信的概念,什么是单片机的串行通信?

在微型计算机中,通信(数据交换)有两种方式:串行通信和并行通信。其中,串行通信是指计算机主机与外设之间以及主机系统与主机系统之间数据的串行传送。使用串口通信时,发送和接收到的每一个字符实际上都是一次一位的传送的,每一位为 1 或者为 0。

在 8051 单片机的通信中,它的通信方式也有两种:

(1)并行通信:数据的各位同时发送或接收。

(2)串行通信:数据一位一位次序发送或接收。

如图所示,图 4-2 为＿＿＿＿通信,图 4-3 为＿＿＿＿通信。

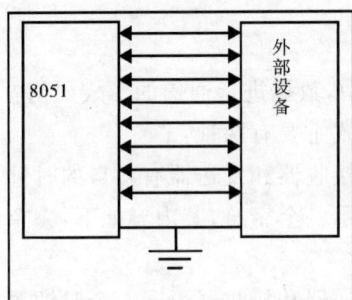

图 4-2

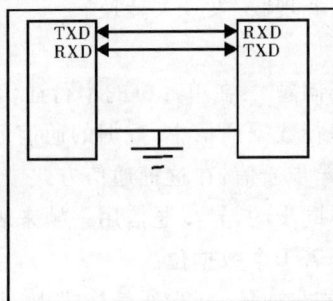

图 4-3

在单片机的串行通信中,它的通信方向有单工、半双工和全双工几种,根据图 4-4 图形所示填空:

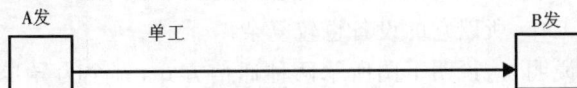

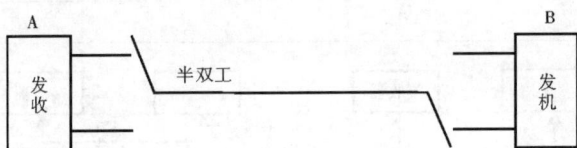

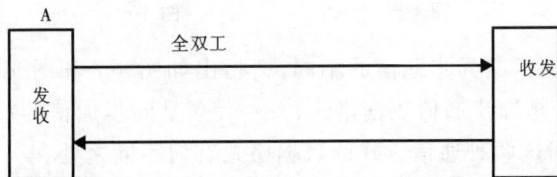

图 4-4　串行通信方向

_____方式:数据仅按一个固定方向传送。因而这种传输方式的用途有限,常用于串行口的打印数据传输与简单系统间的数据采集。

_____方式:允许双方同时进行数据双向传送,但一般传输方式的线路和设备较复杂。

_____方式:数据可实现双向传送,但不能同时进行,实际的应用采用某种协议实现收/发开关转换。

引导问题 2:在单片机的串行通信中,数据进行通信的形式如何?

在串行数据通信中,数据的通信形式主要有两种:

(1)异步通信:在这种通信方式中,接收器和发送器有各自的时钟,它们的工作是非同步的,异步通信用一帧来表示一个字符,其内容如下:一个起始位,仅接着是若干个数据位。

(2)同步通信:同步通信格式中,发送器和接收器由同一个时钟源控制,同步通信克服了在异步通信中,每传输一帧字符都必须加上起始位和停止位,占用了传输时间,传输速度慢,同步传输方式去掉了这些起始位和停止位,只在传输数据块时先送出一个同步头(字符)标志即可。

同步传输方式比异步传输方式优点是速度快,但它必须要用一个时钟来协调收发器的工作,所以它的设备也较复杂。

根据以上说明,请说明下图所示两种通信方式,哪个为异步通信,哪个为同步通信,请说明原因。

图 4-5 为_____,图 4-6 为_____,因为_____

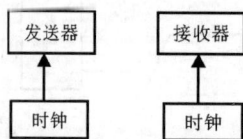
图 4-5

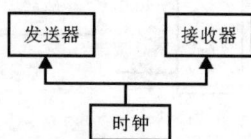
图 4-6

根据同步通信与异步通信的不同,请指出如图 4-7 和图 4-8 所示的两个图形,_____是异步通信数据格式,_____是同步通信的一帧数据格式,请根据图形说明这两种通信方式的数据格式有何不同之处。

图 4-7

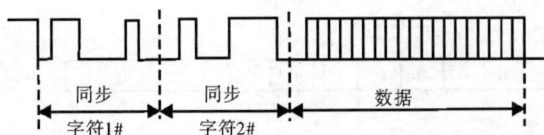

图 4-8

引导问题 3:单片机的串行通信有几种工作方式?

在 8051 单片机中,它的串行通信方式有四种:方式 0、方式 1、方式 2 和方式 3。其中:

方式 0:同步移位寄存器方式,波特率固定为 fosc / 12。

方式 1:8 位 UART,波特率为($2^{SMOD} \times$ T1 的溢出率)/32,当数据发送完置位 TI,接收完置位 RI。置位 RI 是有条件的。即:REN＝1,RI＝0 且 SM2 ＝0 或 SM2＝1 但是接收到的停止位为 1。此时,数据装载 SBUF,停止位进入 RB8,RI 置 1。

方式 2、方式 3:9 位 UART,多机通信。

方式 2 波特率:(固定)2^{SMOD} / 64 $\times$ fosc

方式 3 波特率:2^{SMOD} / 32 $\times$(T1 溢出率),当发送完数据置位 TI,接收到有效数据完毕,置位 RI。有效数据条件:REN＝1,RI＝0 且 SM2＝0 或接收到第 9 位数据为 1。此时,数据装载 SBUF,第 9 位数据(TB8)RB8,RI 置 1。

根据以上几种工作方式的说明,以下几幅图形,_____为工作方式 0,_____为工作方式 1,_____为工作方式 2、方式 3,请说明原因。

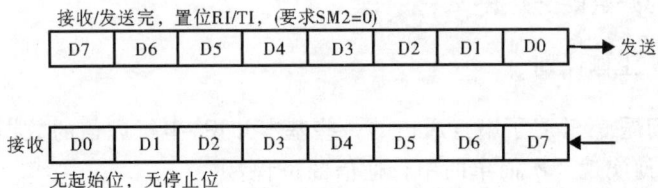

图 4-9

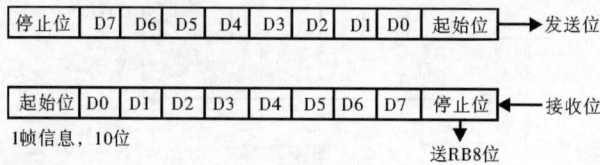

图 4-10

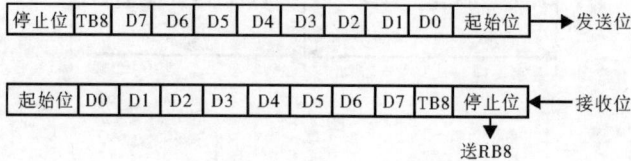

图 4-11

引导问题 4:单片机要完成一次串行通信,它的串行口的数据发送和接收过程是如何实现的?

根据前面几种工作方式的介绍,假如当单片机工作在方式 1 时,它要实现数据的发送和接收的过程如下,请根据你所学的知识在横线上填空。

当数据发送:数据位由 TXT 端输出,发送 1 帧信息为 10 为,当 CPU 执行_____指令时,就启动发送。发送开始时,_____变为有效,将起始位想 TXD 输出,此后,每经过 1 个 TX 时钟周期,便产生_____,并由 TXD 输出 1 个数据位。8 位数据位全部完毕后,置 1 中断标志位 TI,然后/SEND 信号失效。

当数据接收:当检测到起始位_____,则开始接收。接收时,定时控制信号有 2 种,一种是位检测器采样脉冲,它的频率是 RX 时钟的 16 倍。也就是在 1 位数据期间,有____个采样脉冲,以波特率的 16 倍的速率采样 RXD 引脚状态,当采样到_____就启动检测器,接收的值是 3 次连续采样,取其中 2 次相同的值,以确认_____,这样能较好地消除干扰引起的影响,以保证可靠无误的开始接受数据。

4.2.2 工作计划

引导问题 5:学习了串行通信的一些基本知识,串行通信的数据传送和接收过程,如何实现一次简单的串行通信的过程?

任务:用 8051 单片机串行口外接 CD4094 扩展 8 位并行输出口,如图 4-12 所示,8 位并行口的各位都接一个发光二极管,要求发光管呈流水灯状态。

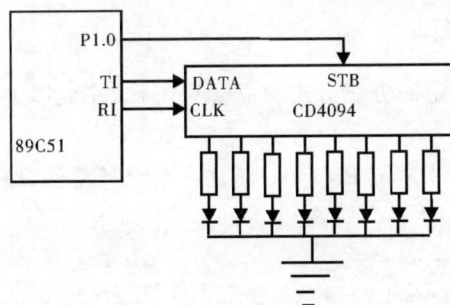

图 4-12

要完成这个任务,应解决以下几个问题:

(1)串行口应采取何种方式发送?

根据我们以前所学的知识,串行口方式 0 的数据传送可采用_____方式,也可采用_____方式,在我们这次任务中,我们比较适合采取_____方式,无论哪种方式,都要借助于_____或_____标志。

(2)串行口发送时应如何设置?

串行发送时,能靠_____置位(发完一帧数据后),引起中断申请,在中断服务程序中发送下一帧数据,或者通过查询_____的状态,只要 TI 为_____就继续查询,TI 为_____就结束查询,发送下一帧数据。

(3)串行口接收时应如何设置?

串行接收时,则由 RI 引起_____或对 RI 查询来确定何时接收下一帧数据。无论采用什么方式,在开始通信之前,都要先对_____进行初始化。在方式 0 中将_____送 SCON 就能了。

根据以上解题思路,请编写实现该过程的程序。

4.2.3 任务实施

分组讨论,按确定的方案分工独立开展工作,完成以下操作。

1.软件仿真

(1)启动电子设计系统 Proteus,新建一个设计文件,按如图 4-13 所示。

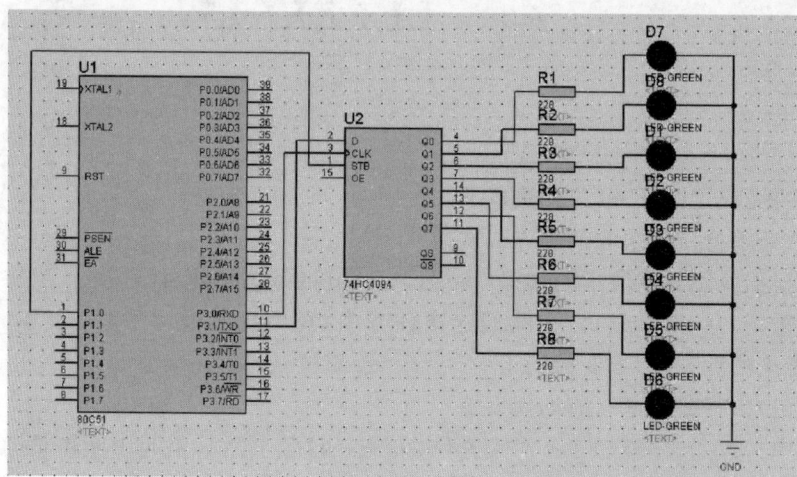

图 4-13

(2)运行 Keil uVision3,建立新的项目文件,并在如任务 1 中的图 1-11 所示的仿真选项中选择联调模式。

(3)新建 asm 文件,编写程序并编译。

(4)按下调试按钮 ⊕ ,与 proteus 连接成功后,按下按钮 ⊡ ,运行程序。

请查阅相关资料,思考调试的观测点和所采取的调试方法?

若程序正确无误,请记录你所观察到的结果。

_____

若程序出现错误,请观察信息窗口中的信息并思考为什么?

_____

2.搭建硬件电路

(1)请采用可用的资源,在教师提供的元器件库中选择,并为元件选择正确参数,完成以下设备清单表 4-2。

表 4-2

序号	元件名称	规格	数量
1	89C51 单片机		
2	晶振		
3	起振电容		
4	复位电容		
5	复位电阻		
6	限流电阻		
7	发光二极管		
8	CD4094 芯片		

（2）制作电路板。

3.将程序烧写到 51 芯片中,在制作的电路板上运行调试,直到功能实现。

4.完成设计报告。

4.2.4　成果检查

在整个过程中依据教师提供的评价标准,检查本小组设计作品是否符合要求地完成了工作任务。

检查程序运行后串口通信能否实现,能否观察到通信成功后的流水灯效果。

4.2.5　学业评价

（1）小组中一位成员展示制作完成的小作品,小组给出自评成绩。

（2）小组一位成员介绍一下小作品制作的思路和需要用到的理论知识,并回答教师的提问。

（3）结合小组所提交的设计项目,根据学习过程按任务要求独立完成的情况;本任务的实物设计作品;以及项目报告的完成情况等,由教师与学生共同评价小组的工作情况,并根据每人完成的复杂程度及创新程度给以鼓励。

（详见学习任务四学业评价表）

子任务二

单片机的双机通信

4.1 学习目标

完成本环节的学习,你应当能:

(1)叙述单片机的波特率并能根据实际情况进行计算;

(2)能根据实际情况对波特率进行选择与设置;

(3)解释串行通信的 RS-232 标准的原理;

(4)能根据实际情况,独立完成单片机串行通信初始化过程;

(5)在教师的指导下,查阅相关资料,能实现一次单片机双机通信的过程。

4.2 任务描述

能完成一次串行通信后,接下来这个任务主要是根据串口通信的原理来完成两台单片机之间的通信,在任务中,首先应能对波特率进行计算和设置,还应能完成数据发送和接收前的初始化过程,在这基础上,最后完成把单片机甲机存放在一定地址单元的数据发送给乙机,乙机接收数据后并存于一定地址单元中的过程。

4.2.1 学习准备

引导问题 1:在单片机的双机通信中,有一个很重要的概念叫做波特率,什么是波特率?

波特率是指单位时间传输二进制数据的位数,其单位为位/秒(B/S)或波特。它是一个用以衡量数据传送速率的量。一般串行异步通行的传送速度为 50～19 200 波特,串行同步通信的传送速度可达 500 千波特。

根据波特率的定义来完成以下填空:

(1)假设有一帧信息,每个字符包含 8b(1 个起始位、6 个数据位、1 个停止位)传输速率为 240 个字符。则其波特率为_____波特(请写出计算过程)。

(2)设串行异步通讯的传送速率为 2 400 波特,传送的是带奇偶校验的 ASCII 码字符,问每秒最多传送_____个字符?(请说明解决过程。)

引导问题 2:学习了波特率后,那么我们在使用波特率时应如何选择?

我们在选择波特率的时候需要考虑两点:首先,系统需要的通信速率。要根据系统的运作特点,确定通信的频率范围。然后,考虑通信时钟误差。使用同一晶振频率在选择不同的通信速率时通信时钟误差会有很大差别。为了通信的稳定,我们应该尽量选择时钟误差最小的频率进行通信。

根据以上原则,假设系统要求的通信频率在 20 000 bit/s 以下,晶振频率为 12 MHz,设置 SMOD＝1(即波特率倍增),如果碰到这种情况时应如何选择波特率?

引导问题 3:波特率是在单片机的双机通信中是一个重要的参数,知道波特率以后我们可以计算出计数初值,它是如何来实现的?

若已知波特率,则可求出 T1 的计数初值,主要的方法是根据以下公式:

$$y = 256 - \frac{2^{\text{SMOD}} \times f_{\text{osc}}}{\text{波特率} \times 32 \times 12}$$

公式中的一些参数对照我们可以查询表 4-3。

表 4-3　常用波特率设置方法

波特率/Hz	f_{osc}/MHz	SMOD	定时器 1		
			C/$\overline{\text{T}}$	方式	重新装入值
方式 0 最大:1 M	12	X	X	X	X
方式 2 最大:375 k	12	1	X	X	X
方式 1、3:62.5 k	12	1	0	2	FFH
19.2 k	11.0592	1	0	2	FDH
9.6 k	11.0592	0	0	2	FDH
4.8 k	11.0592	0	0	2	FAH
2.4 k	11.0592	0	0	2	F4H
1.2 k	11.0592	0	0	2	E8H
110	12	0	0	1	0FEEH

请根据上表,将实现以下操作的操作填写在横线上:

若 f_{osc}＝6 MHz,波特率为 2 400 波特,设 SMOD＝1,则定时/计数器 T1 的计数初值为_____(请写出计算过程)。

引导问题 4：单片机的双机通信是如何实现的？

单片机的双机通信是指单片机之间实现双向通讯，既可以甲机向乙机发送，也可以乙机向甲机发送，两机具有相同的硬件配置和程序软件。

引导问题 5：在单片机的双机通信中，常用到 RS—232 串口标准，请说明它的由来和作用。

RS—232 是美国电子工业协会 EIA（Electronic lndMsry Association）公布的串行总线标准，用于微机与微机之间、微机与外部设备之间的数据通信，RS—232 适用于通信距离一般不大于 15 m，传输速率小于 20 Kbps 的场合。但事实上，现在的应用早已远超过这个速度范围。RS—232 可以说是相当简单的一种通信标准，若不使用硬件流控，则最少只需利用三根信号线，便可实现全双工的通信作业。

如果两个 8051 应用系统相距很近，将它们的串行口直接相连，即可实现双机通信。如果想增加通信距离，可利用 RS—232（15 m）或者 RS—422（1 200 m）标准总线接口进行双机通信，同时为了减少通道及电源干扰，可以在通信线路上采取光电隔离的方法。但是由于单片机信号为 TTL 电平（0～5 V），如果利用 RS—232 标准总线接门进行较远距离的通信，必须把单片机输出的 TTL 电平转换为 RS—232 标准电平（逻辑 1：−15～−5 V；逻辑 0：+5～+15 V）。

引导问题 6：单片机在进行双机通信前应进行初始化，它是如何实现的？

（1）串行通信的初始化主要是设置的参数有 _____、_____ 和 _____。

（2）请说明单片机双机通信初始化参数设置过程的几个步骤。

①确定定时器 1 的工作方式（编程 TMOD 寄存器）；

②计算定时器 1 的初值，装载 TH1、TL1；

③启动定时器 1（编程 TCON 的 TR1 位）；

④确定串行口控制（编程 SCON 寄存器）。

（3）串行口在中断方式工作时，须开 CPU 的中断源（编程 IE、IP 寄存器）。

引导问题 7：根据以上说明的几个步骤，假设一个 8051 单片机控制系统，主振频率为 12 MHz，要求串行口发送数据为 8 位、波特率为 1 200 b/s，请说明串行口的初始化的实现过程。

根据前面的学习,我们来完成单片机初始化的几个步骤:

(1)我们设 SMOD=1,计算出则 T/C1 的时间常数 X 的值为:_____(请写出计算的过程)。

(2)根据前面讲的几个步骤,我们可以确定此单片机控制系统的串行口工作于方式_____,定时器 1 的初值为_____,此时 SCON 的值为_____,TI 为_____方式(查询或定时),工作于工作方式_____。

(3)根据前面的步骤写出完成该初始化的程序。

引导问题 8:要实现单片机的双机通信,请说明实现单片机的双机通信的过程,根据你的理解填空。

双机通信是指单片机之间实现双向通讯,既可以甲机向乙机发送,也可以乙机向甲机发送,在硬件连接上应把单片机一(甲机)的_____与单片机二(乙机)的_____相连,便可进行双机通信。

4.2.2　工作计划

引导问题 9:学习了单片机双机通信的一些基本知识,双机通信的初始化,现在来完成如何实现一次单片机双机通信的过程。

任务:有一个单片机的双机通讯系统,要求将甲机 8031 芯片内 RAM 中的 40H 一 4FII 的数据串行发送,甲机工作于方式 2,TB8 作为奇偶校验位;乙机用于接收串行数据,存于片内 60 H~6 FH 中,并校对奇偶校验位,乙机也工作于方式 2。问:该如何实现?

(1)根据题目已知条件,我们知道甲机为发送数据,乙机接收机,请根据根据给定条件画出硬件连接图。

(2)根据已学的初始化实现方法,请先完成初始化设置过程。

根据给定条件,我们可以得出 SCON 工作于工作方式_____,片内数据区的地址指针为_____,SMOD=_____,波特率不加倍。

(3)根据题目要求,给出软件流程图。

①甲机发送软件流程图如图 4-14 所示。

甲机发送

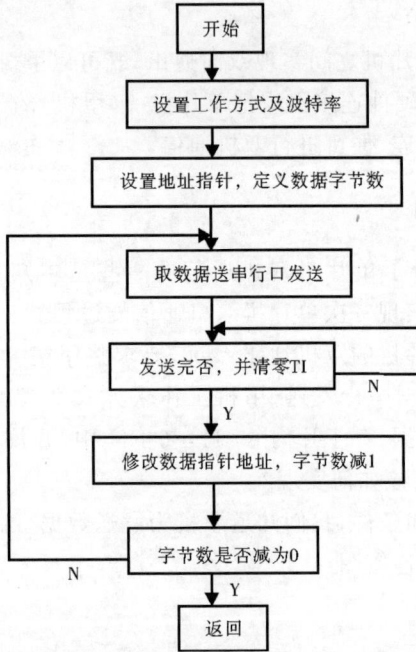

图 4-14

130

②请根据题目要求和甲机发送的软件流程图,画出乙机接收的流程图。

(4)根据题目要求,分别写出发送和接收的实现程序。

①根据乙机接收程序和甲机发送的流程图,编写甲机发送程序。

②乙机接收程序:

```
        MOV SCON,♯90H      ;设置工作方式 2,并允许接收
        MOV PCON,♯00H      ;置 SMOD＝0
        MOV R0,♯60H        ;设置片内数据区地址指针
        MOV R2,♯10H        ;待接收的字节数
LOOP：  JBC R1,READ         ;等待接收数据并清零 R1
        SJMP LOOP
READ：  MOV A,SBUF          ;读入一帧数据
        MOV C,P
        JNC LP0             ;C≠1 转 LP0
        JNB RB8,ERR         ;RB8＝0,即 RB8≠P,转 ERR 进
                              行出错处理
        AJMP LP1
```

LP0：　　JB RB8，ERR　　　　　　;RB8＝1,即 RB8≠P,转 ERR 进
　　　　　　　　　　　　　　　　　　行出错处理

LP1：　　MOV @R0，A　　　　　　;RB8＝P,即传送正确,送目的数
　　　　　　　　　　　　　　　　　　据区

　　　　　INC R0　　　　　　　　;修改接收数据的地址指针

　　　　　DJNZ R2，LOOP

　　　　　RET

　　　　　ERR：……　　　　　　　;出错处理程序

4.2.3　任务实施

分组讨论,按确定的方案分工独立开展工作,完成以下操作。

1.软件仿真

(1)启动电子设计系统 Proteus,新建一个设计文件,按如图 4-15 所示。

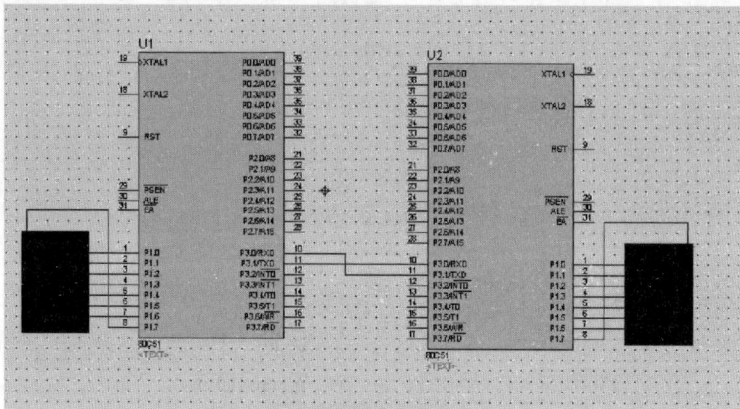

图 4-15

　　(2)运行 Keil uVision3,建立新的项目文件,并在如任务 1 中的图 1.11 所示的仿真选项中选择联调模式。

　　(3)新建 asm 文件,编写程序并编译。

　　(4)按下调试按钮 @ ,与 proteus 连接成功后,按下按钮 国 ,运行程序。

请查阅相关资料,思考调试的观测点和所采取的调试方法?

若程序正确无误,请记录你所观察到的结果。

若程序出现错误,请观察信息窗口中的信息并思考为什么?

2.搭建硬件电路

(1)请采用可用的资源,在教师提供的元器件库中选择,并为元件选择正确参数,完成以下设备清单表 4-4。

表 4-4

序号	元件名称	规格	数量
1	89C51 单片机		
2	晶振		
3	起振电容		
4	复位电容		
5	复位电阻		
6	限流电阻		
7	发光二极管		
8	DIP 封装插座		

(2)制作电路板。

3.将程序烧写到 51 芯片中,在制作的电路板上运行调试,直到功能实现。

4.完成设计报告。

4.2.4 成果检查

在整个过程中依据教师提供的评价标准,检查本小组设计作品是否符合要求地完成了工作任务。

程序运行后通过观察甲机和乙机的数据发送和接收地址的数据变化,检查甲机和乙机的双机通信是否实现。

4.2.5 学业评价

(1)小组中一位成员展示制作完成的小作品,小组给出自评成绩。

(2)小组一位成员介绍一下小作品制作的思路和需要用到的理论知识,并回答教师的提问。

(3)结合小组所提交的设计项目,根据学习过程按任务要求独立完成的情况;本任务的实物设计作品;以及项目报告的完成情况等,由教师与学生共同评价小组的工作情况,并根据每人完成的复杂程度及创新程度给以鼓励。

(详见学习任务四学业评价表)

子任务三

单片机的多机通信

4.1　学习目标

完成本环节的学习,你应当能:

(1)叙述单片机的多机通信的原理;

(2)叙述单片机多机通信的形式和结构,并能对几种形式进行区别;

(3)叙述单片机多机通信的工作原理,解释多机通信实现的过程;

(4)在教师的指导下,查阅相关资料,能实现一次单片机多机通信的过程。

4.2　任务描述

在完成两台单片机之间的双机通信后,接下来的任务是实现一台单片机和几台单片机的多机通信,在任务中,主要是设置一台单片机为主机,其他几台单片机作为从机,主机把存在的 R1 寄存器中的数据发送,几台从机接收数据并存于各自的 R1 寄存器中,从而完成一次多机通信的过程。

4.2.1　学习准备

引导问题 1:要实现单片机的多机通信,请说明什么是单片机的多机通信?

单片机的多机通信是指两台以上单片机组成的网络构,可以通过串行通信方式共同实现对某一过程的最终制。主要是一台单片机作为主机发送数据,其他几台单片机作为从机接收数据,几台单片机具有相同的硬件配置和程序软件。

根据上面的表述,单片机的多机通信和双机通信的区别主要是＿＿＿＿＿

引导问题 2：目前单片机多机通信的形式有哪几种？

目前单片机多机通信的形式较多，但通常可分为星型、环型、串行总线型和主从式多机型四种，如图 4-16 所示，图 a 为_____，图 b 为_____，图 c 为_____。

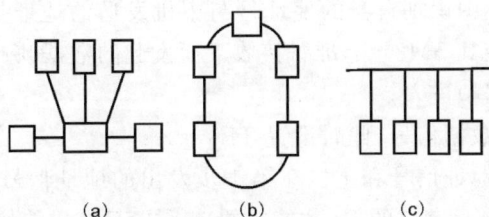

(a)　　　　　　　(b)　　　　　　　(c)

图 4-16

引导问题 3：单片机的多机通信是的结构如何？

单片机的多机通信结构如图 4-17，根据下图所示的 A、B、C、D 机，_____为主机，_____为从机，其中的 TXD 表示_____，RXD 表示_____。

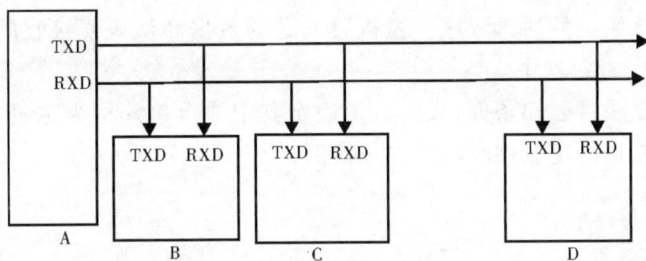

主从式多机型

图 4-17

　　引导问题 4：要实现单片机的多机通信，请说明单片机的多机通信的实现过程，在 MCS—51 单片机的串行口工作于方式 2、3 为多机系统通讯提供了特殊的措施。

单片机的串行口控制寄存器 SCON 中 SM2 位是方式 2、3 的多机通讯控制位。发送时，数据的第九位是可以编程的，即 TB8 是可以由程序改变的，则主机可用它作为地址/数据的识别位；接收时，如果接收机的 SM2＝1，则只有接收到 RB8＝1 才能置位 R1，此时接收到的数据才有效。如果接收机的 SM2＝0，则无论接收到的 RB8 为何值，都能使 RI 置位，即接收数据有效。利用串行口方式 2、3 的此特点便可以实现多机通讯。

多机通讯时,内部处理机的通讯规则如下:

(1)主机发送地址信号,此时设置 TB8＝1;

(2)设置从机的 SM2＝1,即只有接收到地址信号后才会使 RI＝1,从而使各从机在中断服务中识别自身的地址号与主机发送的地址是否相同,与主机地址相同的从机使其 SM2＝0,准备接收下面发起的数据帧;其余的从机 SM2 仍为"1",阻止数据帧进入;

(3)主机发送数据信号,此时设置 TB8＝0;

(4)由于只有地址信号和主机在第 1 步发出的地址信号相同的那台从机的 SM2＝0,因此也只有它的 RI 才能被置 1,所以只有它能接收此数据信号。

4.2.2　工作计划

引导问题 5:知道了单片机多机通信的一些基本知识,多机通信的过程,现在来完成如何实现一次单片机多机通信的过程。

任务:有一多机通讯系统,从机的地址为:80H、81H、82H。主、从机均使用相同的波待率。如果主机采用查询方式发送数据,从机采用中断方式接收数据,设计该系统的通讯程序。主机要发送的数据和从机要接收的数据均存在各自的 R1 寄存器中。

(1)根据题目已知条件,我们必须确定其中一台单片机为主机,其他为从机,请根据根据给定条件画出硬件连接图。

(2)主机发送的初始化。

根据题目要求,我们可以设置串口工作于方式＿＿＿＿＿＿,根据多机通信的实现方法,应设置地址标志 TB8 为＿＿＿＿＿＿。

(3)从机接收的初始化。

在从机接收时,我们可以设置串口工作于方式_____,并使 SM2＝_____,允许接收,根据多机通信的实现方法,应设置 RI 位为_____。

(4)软件实现。

①主机发送

START:	MOV SCON ,♯80H	;设置串口工作于方式 2
	SETB TB8	;设置地址标志
	MOV SBUF ,♯ADDR	;发送地址(♯ADDR)
	CLR ES	;禁止串行口中断
WAIT1:	JNB TI , WAIT1	;等待地址发送完毕
	CLR TI	;清发送中断标志
	CLR TB8	;设置数据标志
	MOV SBUF ,R1	;发送数据
WAIT2:	JNB TI ,WAIT2	;等待数据发送完毕
	CLR TI	
	RET	

②请根据前面的提示和主机发送的程序,完成从机接收的程序。

4.2.3　任务实施

分组讨论,按确定的方案分工独立开展工作,完成以下操作。

1.软件仿真

(1)启动电子设计系统 Proteus,新建一个设计文件,按如图 4-18 所示(注:因篇幅有限,下图只画出一台单片机主机与两台从机的连接,在实际仿真时,应与三台单片机从机连接,并要加上单片外围电路运行仿真,特此说明)。

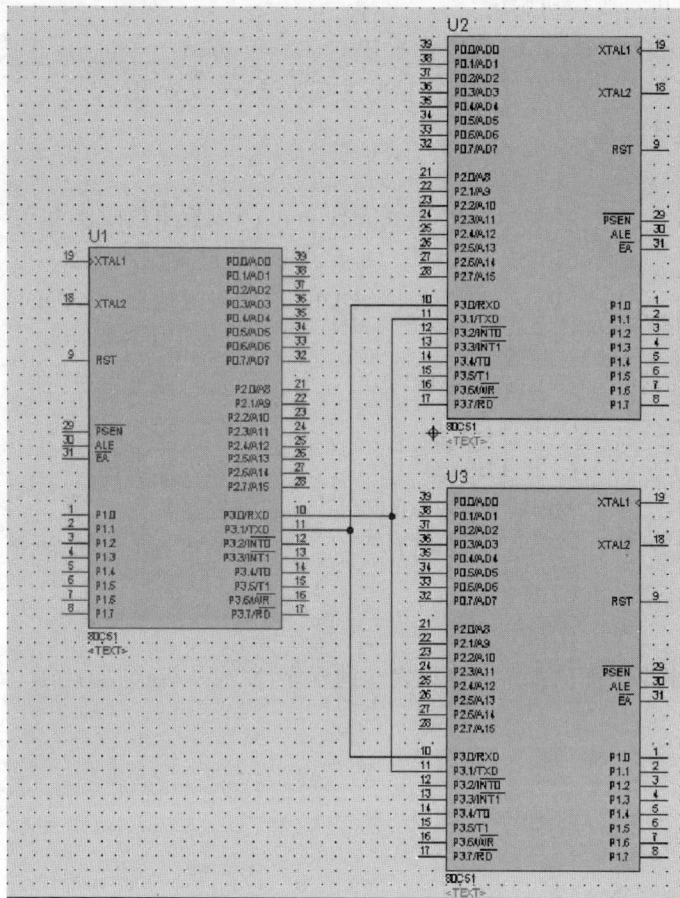

图 4-18

（2）运行 Keil uVision3，建立新的项目文件，并在如任务 1 中的图 1-11 所示的仿真选项中选择联调模式。

（3）新建 asm 文件，编写程序并编译。

（4）按下调试按钮 ⊕ ，与 proteus 连接成功后，按下按钮 ▣ ，运行程序。

请查阅相关资料，思考调试的观测点和所采取的调试方法？

若程序正确无误，请记录你所观察到的结果。

若程序出现错误，请观察信息窗口中的信息并思考为什么？

2.搭建硬件电路

(1)请采用可用的资源,在教师提供的元器件库中选择,并为元件选择正确参数,完成以下设备清单表 4-5。

表 4-5

序号	元件名称	规格	数量
1	89C51 单片机		
2	晶振		
3	起振电容		
4	复位电容		
5	复位电阻		
6	限流电阻		
7	发光二极管		
8	DIP 封装插座		

(2)制作电路板。

3.将程序烧写到 51 芯片中,在制作的电路板上运行调试,直到功能实现。

4.完成设计报告。

4.2.4　成果检查

在整个过程中依据教师提供的评价标准,检查本小组设计作品是否符合要求地完成了工作任务。

程序运行后通过观察主机和从机的数据发送和接收过程 R1 寄存器的数据变化,检查主机和从机之间的多机通信是否实现。

4.2.5　学业评价

(1)小组中一位成员展示制作完成的小作品,小组给出自评成绩。

(2)小组一位成员介绍一下小作品制作的思路和需要用到的理论知识,并回答教师的提问。

(3)结合小组所提交的设计项目,根据学习过程按任务要求独立完成的情况;本任务的实物设计作品;以及项目报告的完成情况等,由教师与学生共同评价小组的工作情况,并根据每人完成的复杂程度及创新程度给以鼓励。

(详见学习任务四学业评价表)

子任务四

单片机与 PC 机通信的实现

4.1　学习目标

完成本环节的学习,你应当能:

(1)叙述单片机与 PC 机通信的 RS−232 接口的原理;

(2)能完成单片机与 PC 机通信的串口进行设置;

(3)叙述单片机与 PC 机通信的数据传输的工作原理并能加以应用;

(4)在教师的指导下,查阅相关资料,能完成一次单片机与 PC 机通信的过程。

4.2　任务描述

前面完成的任务都是单片机与单片机之间的通信,接下来的任务要完成单片机与 PC 机之间的通信,在任务中,通过 PC 机发送数据给单片机,单片机接收数据并存于一定地址单元中,单片机又发送数据给 PC 机,PC 机接收数据并通过软件观察接收的数据是否正确,从而完成相互通信的过程。

4.2.1　学习准备

引导问题 1:当单片机与 PC 机通信时,数据是如何传输的?

在串行通讯的数据输入过程中,数据一位一位的从下位单片机进入上位机串行接口的"接受移位寄存器",当"接收移位寄存器"接受完一个字符的各位后,数据就从"接受移位寄存器"进入"数据输入寄存器",CPU 从"数据输入寄存器"中并行读取到接收的字符。"接收移位寄存器"的移位速度由"接收时钟"确定。

当上位计算机要向下位各检测单元的单片机输出数据时,上位 CPU 把要输出的字符送入"数据输出寄存器","数据输出寄存器"的内容传输到"发送移位寄存器",然后,由"发送移位寄存器"移位,把数据一位一位的送到下位各检测单元的单片微机,"发送移位寄存器"的移位速度由"发送时钟"确定。

引导问题 2:单片机与 PC 机通信时一般采取那些标准接口,使用时应注意哪些问题? 请介绍在单片机与 PC 机通信中常用的 RS—232 接口

(1)单片机和 PC 机的串行通信一般采用 RS—232、RS—422 或 B3—485 总线标准接口,也有采用非标准的 20 nnJL 电流环的。为保证通信的可靠,在选择接口时必须注意:①通信的速率;②通信距离;③抗干扰能力;④组网方式。

(2) RS—232 是早期为公用电话网络数据通信而制定的标准,其逻辑电平与 ITL\CMOS 电乎完全不同。逻辑"0"规定为+5~+15 V 之间,逻辑"1",规定为-5~-15 V 之间。由于 RS—232 发送和接收之间有公共地,传输采用非平衡模式,因此共模噪声会耦合到信号系统中,其标准建议的最大通信距离为 15 m.但实际应用中我们在 300 bit/s 的速率下可以达到 300 m。RS—232 规定的电平和一般微处理器的逻辑电平不一致,必须进行电平转换。

引导问题 3:当单片机与 PC 机进行通信时,应采取何种工作方式,请说明原因。

在单片机和 PC 机实现串行通信时,一般设置为方式 1 或方式 3,主要区别是方式 1 的数据格式为 8 位,方式 3 的数据格式为 9 位,其中第 9 位 SM2 为多机通信位,可实现单片机的多点通信。功率控制寄存器 PCON 的 SMOD 为串行口波特串倍率控制位,当单片机的品振为整数时(如 6 M),设置 5MOD 为 1 通常可获得更高的通信速串,但 SMOD 不能位寻址。

引导问题 4:当单片机与 PC 机通信时,单片机串口的速率应如何设置?

单片机和 PC 机通信时,其通信速率由定时器 T1 或定时器 T2 产生(52 系列),在 T1 工作在方式 2 时的通信速率的计算公式为:波特率 $=\dfrac{\text{SMOD}\times F_{\text{osc}}}{32\times 12\times(256-\text{TH1})}$。其中 F_{osc} 晶振频率,为获得准确的通信速率,F_{osc} 通常为 11.059 2 MH2。采用 T1 定时器通信的系统,速率不可能过高,一般情况下最高为 19 200 bit/s。如为了获得更高的通信速率可利用 52 系列单片机的定时器 T2,最高速率可达 115 200 bit/s。

4.2.2 工作计划

引导问题 5：知道了单片机与 PC 机通信的一些基本知识和设置，现在来完成如何实现一次单片机与 PC 机通信的过程。

任务：利用 RS—232C 实现 PC 机与单片机的通信，该单片机的晶振频率 $f_{osc}=11.0592$ MHz，波特率取 4 800 b/S。要求如下：

（1）PC 按照 16 进制方式发送数据给单片机，发送时无校验，且数据位为 8 位。

（2）单片机接收到 PC 送来的数据后保存。当单片机接收到了 10 个 PC 送来的数据以后，则将这些数据按顺序反送回 PC。

（3）通过软件观察比较发送的数据和接收的数据，确定串口通信是否实现。

1.硬件电路完成过程。

从理论上讲，上位 PC 计算机和下位单片微机进行 RS232C 串口通信的接线方法是：上位 PC 计算机 RS232 接口的接收数据针脚 RXD 与下位单片微机串行口的发送数据针脚 TXD 相连，上位 PC 计算机 RS232 接口的发送数据针脚 TXD 与下位单片微机串行接口的接收数据针脚 RXD 相连，两者的信号地 GND 对应相接。但是，在实践中我们必须重视并解决上位 PC 机与下位单片机 RS232C 串口间的逻辑电平是不一致的问题。

通过查阅有关技术标准我们不难发现上位 PC 机的串行接口是符合 EIARS—232C 规范的外部总线标准接口。RS—232C 采用的是负逻辑，即逻辑"1"：-5 V 至 -15 V；逻辑"0"：$+5$ V 至 $+15$ V。而本系统中所使用的下位机 80C196 单片微机的电平为：逻辑"1"：4.99 V，逻辑"0"：0.01 V。

因此，在用 RS—232C 总线进行串行通讯时需外接电路实现电平转换。在发送端用驱动器将 CMOS 电平转换为 RS—232C 电平，在接收端用接收器将 RS—232C 电平再转换为 CMOS 电平，请根据以上思路画出硬件电路图。

根据以上分析和题目已知条件和上面的分析，画出硬件连接图。

2.软件完成过程。

我们在单片机与 PC 机通信时,一般解决的思路为在通讯之前,必须约定好收、发双方的通讯协议,明确规定彼此的联络信号以及数据的传送方式等项内容,具体思路如下:

①在 PC 读数据时遵循"读命令－等数据－报告"即 PC 下达一命令、等待接收数据、再据所接收数据的正误向应用程序报告此命令的执行情况。

②在 PC 写数据时遵循"写命令－等回应－报告",即 PC 下达一写命令,此时所要写的数据含于此命令中等待单片机发来的已正确接收的回应信号,并向应用程序报告此命令执行完毕。

③如果在转输过程其间 PC 或单片机所接收任何一帧信号出现错误时,均会向对方发送重发此帧信号的请求,如果连续三次转输失败则退出通讯,并向应用程序报告。

在任务中,单片机通信程序一般采用_____方式与微机通信(查询或中断),微机作为主控方。程序初始化时,我们可设置 PCON＝_____,并设置串行口工作在工作方式_____,根据题目给定的条件,我们可以计算出计数初值为_____。

3.根据题目的要求,画出实现的流程图如图 4-19 所示。

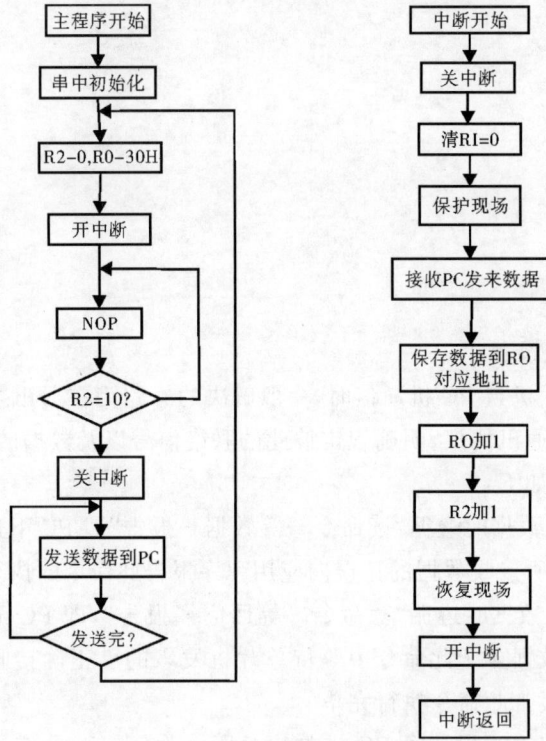

图 4-19

4.根据前面的过程,请写出完成该通信过程的软件程序。

4.2.3　任务实施

分组讨论,按确定的方案分工独立开展工作,完成以下操作。

1.搭建硬件电路。

(1)请采用可用的资源,在教师提供的元器件库中选择,并为元件选择正确参数,完成以下设备清单表 4-6。

表 4-6

序号	元件名称	规格	数量
1	单片机 AT89S2051		
2	晶振		
3	起振电容		
4	复位电容		
5	复位电阻		
6	限流电阻		
7	发光二极管		
8	DIP 封装插座		
9	MAX232 芯片		
10	MAX232 芯片外接电容		
11	PC 机串口连接线		

(2)制作电路板。

2.程序运行后通过软件观察通信效果,进行软件调试。

程序调试时,连接好硬件后,打开 PC 的串口调试工具,进行验证观察。

串口调试助手 V2.2.exe(网上很容易就可以下载到)可实现 PC 机与单片机的通信。

打开串口调试助手 V2.2.exe 应用程序;进行设置:波特率——4 800;数据位——8;奇偶校验——无;停止位——1(因为采用没有联络信号的通信,单片机也需相同协议设置)。

选择按 16 进制方式发送和按 16 进制显示。打开串口,在发送框中随便输入一些数字(0~FFH 之间),单击发送。当发送完 10 个数据以后,看看接收框中是否有接收;接收到的数据是否为发送的数据。如图 4-17 所示。(注:自动发送的时间可以在串口调试助手中改动),运行窗口如图 4-20 所示。

3.将观察后调试正确的程序烧写到 51 芯片中,在制作的电路板上运行调试,直到功能实现。

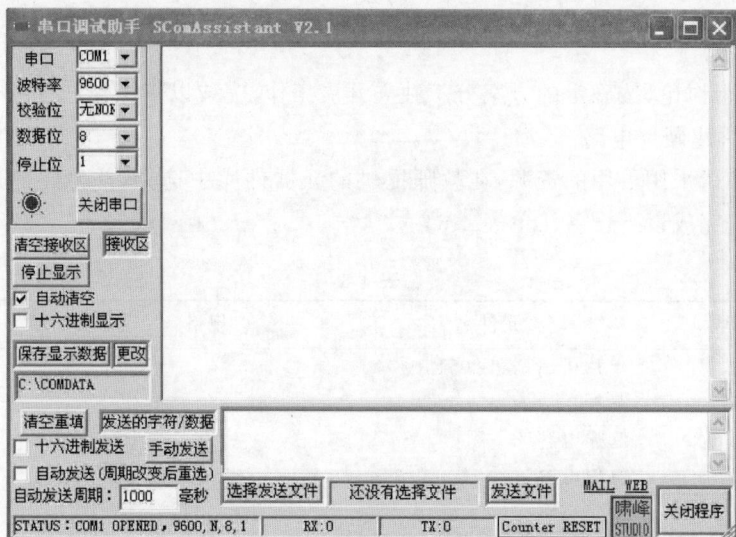

图 4-20

4.完成设计报告。

4.2.4 成果检查

在整个过程中依据教师提供的评价标准,检查本小组设计作品是否符合要求地完成了工作任务。

检查程序运行后单片机与 PC 机通信否实现,能否单片机与 PC 机之间的数据传送。

4.2.5 学业评价

(1)小组中一位成员展示制作完成的小作品,小组给出自评成绩。

(2)小组一位成员介绍一下小作品制作的思路和需要用到的理论知识,并回答教师的提问。

(3)结合小组所提交的设计项目,根据学习过程按任务要求独立完成的情况;本任务的实物设计作品;以及项目报告的完成情况等,由教师与学生共同评价小组的工作情况,并根据每人完成的复杂程度及创新程度给以鼓励。

(详见学习任务四评价表)

学习任务 5

数据采集与控制系统的设计与制作

5.1 任务描述

数据采集与控制系统在生产生活中的应用十分广泛,大的如:工厂锅炉的温度采集与控制、大楼的火灾报警与自动灭火系统、监控的图像采集、存储与回放系统,小的如:冰箱和空调的温度采集与控制、加湿器的湿度检测与控制、温室大棚的温、湿度监测与控制等。

根据学院及漳州地区的实际条件选择小直流电机的速度采集与控制系统的设计作为本学习任务的内容。

本学习任务的内容:设计一个小直流电机调速系统,该系统的小键盘可以对电机的速度、方向进行预置,能监测电机的运行速度自动的进行速度的校正,从而实现对直流电机进行速度设置、检测、速度控制、转动方向控制。系统还具有电机过热保护环节,当电机过热时发出报警并停机。

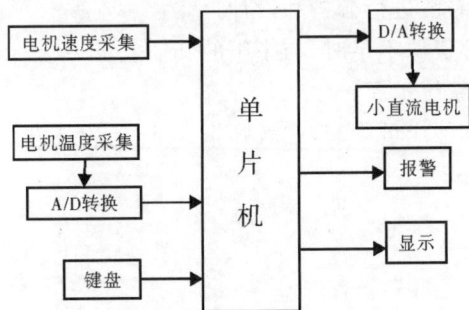

图 5-1 系统结构框图

5.2　学习与工作内容

通过这个学习任务的学习,要求学生在掌握单片机外部接口的扩展方法与应用编程的基础上,进行小直流电机控制系统的设计。

学生通过本课业完成以下工作任务:

(1)学生会运用自动控制的原理的知识设计一个简单的闭环控制系统;

(2)在系统内部资源不足时,能够通过查阅资料进行系统扩展;

(3)以小组为单位,在教师指导的情况下,通过查阅资料完成一个系统的方案选择、软硬件设计、制作和调试;

(4)完成项目设计报告并作汇报,对项目作品进行自我评价,结合教师与学生共同评价后的建议,提出整改意见。

5.3　学习目标

完成本学习任务后,你能学会:

(1)与小组的其他成员一起和客户沟通所要设计的系统对功能和技术指标进行确认;

(2)与小组的其他成员一起,在教师指导下,能运用模块化的系统设计方法设计一个较大的系统;

(3)与小组的其他成员一起,在教师指导下,运用闭环控制的基本原理和思想对所要设计的系统进行分析和设计;

(4)在系统内部资源不足时,与小组的其他成员一起,在教师指导下,根据所查阅的资料进行系统扩展;

(5)与小组的其他成员一起,在教师指导下,运用各方面的知识,对较大的软硬件系统进行调试。

5.4　时间要求

完成学习任务 5 的各工作任务时间安排建议(表 5-1)。

表 5-1

载体	任务单元	学时
子任务 1	脉冲发生模块设计	10
子任务 2	小直流电机速度控制	4
子任务 3	小直流电机速度方向的设置与控制	4
子任务 4	小直流电机的实时控制	6
子任务 5	带温度监测的电机控制系统	10

表中所列时间为教师指导时间,不含查阅资料、做计划、作品装配的时间

5.5　学业评价形式及标准

实行多评价主体参与的学习全过程综合考核制度,考核按照平时训练和综合训练相结合、理论和实践相结合、实物和答辩相结合的原则进行,最终成绩根据学习过程"小组合作学习"学习表现、关键能力表现、实物作品展示、项目报告和答辩结果来确定。详见学习任务五学业评价表。

学习任务五学业评价表

1."小组合作学习"学习表现评价表(1)

"小组合作学习"学习表现评价表(1)

组别：   评价主体：

说明：监控：监控小组在合作完成学习任务时每种行为发生的频率。

评价："4"表示行为总是发生；"3"表示行为经常发生；

"2"表示行为很少发生；"1"表示行为没有发生。

1.明确学习目标和任务后,立即讨论制订学习计划	1	2	3	4
2.小组成员中软硬件设计任务分工明确	1	2	3	4
3.小组成员注意倾听并考虑别人的观点	1	2	3	4
4.大家共享信息资源	1	2	3	4
5.完成任务过程能认真研究遇到的问题并主动思考解决办法	1	2	3	4
6.完成任务时积极,小组成员之间主动合作	1	2	3	4
7.完成任务时感兴趣,小组成员积极参与	1	2	3	4
8.完成任务时有目的性,小组成员之间相处融洽	1	2	3	4
9.完成任务时充满激情,小组成员之间主动沟通	1	2	3	4
10.按任务要求独立开展学习与工作	1	2	3	4
11.小组成员献计献策制订较优化的系统设计方案	1	2	3	4
12.小组成员对仪器仪表操作规范,符合要求	1	2	3	4
13.小组成员能合理选择元器件	1	2	3	4
14.按时完成设计报告并汇报在团队中的设计任务	1	2	3	4
15.完成的电路能实现设计所要求效果并有创新	1	2	3	4
16.完成的控制系统设计后,工作台面整洁	1	2	3	4

2."关键能力"评价表

"关键能力"评价表

组别:　　　　　　　　　　　　评价主体:

说明:监控:监控小组在合作完成学习任务时每种行为发生的频率。

　　评价:(4)表示 4 分;(3)表示 3 分;(2)表示 2 分;(1)表示 1 分。

1.获取与处理信息的能力

(1)能够从教科书和课堂获得所需信息。
(2)能够利用学校的信息源获得所需信息。
(3)能够从大众媒体和所有渠道获得所需信息。
(4)能够开拓创造新的信息渠道;从日常生活和工作中随时捕捉有用的信息。

2.工作与学习的方法能力

(1)能够回忆、再现学习内容。
(2)能够在一定的时间范围内独立学习。
(3)能够独立确定学习的时间、方法;能解决调试过程出现的问题。
(4)能够认识自己的缺陷并及时补救;独立决定学习进度和制定设计方案。

3.计划组织与执行能力

(1)能够解释工作过程;依据教师制定的标准检查工作任务是否完成。
(2)能够按照给定的工作计划较灵活地完成设计任务;独立评估成果。
(3)能够熟练运用所学知识技能独立制定项目工作计划。
(4)能够对复杂任务进行模块化设计并独立解决问题。

4.交流与合作能力

(1)能够参与讨论;完成小组给定的软硬件设计任务。
(2)能够在讨论中提出自己的见解;适应小组工作方式。
(3)在小组工作中态度友好,富有创新性。
(4)能够代表本专业与其他同学合作;在工作小组中活动自如。

5.心理承受力

(1)能够在教师监督下完成任务和自我评估成果;胜任较低心理要求的工作。
(2)能够胜任中等心理要求的工作。
(3)责任心更加经常化、自觉化;由于自信心等原因,能胜任较高要求。
(4)能够自觉对小组和项目负责;有完成重大任务的心理准备。

3.小组"口头汇报"行为表现评价表

小组"口头汇报"行为表现评价表

组别: **汇报人:**

汇报内容: **评价主体:**

说明:监控:监控小组代表在做口头汇报时每种行为发生的频率;
　　　评价:"4"表示行为总是发生;"3"表示行为经常发生;
　　　　　"2"表示行为很少发生;"1"表示行为没有发生。

A.身体表现

a.站直,面向观众	4	3	2	1
b.面部表情随着表达内容的变化而变化	4	3	2	1
c.保持与观众眼神的交流	4	3	2	1
d.适当的手势	4	3	2	1

B.声音表现

a.说话节奏平稳,语速适当	4	3	2	1
b.用声调变化强调重点	4	3	2	1
c.声音足够大,每一位听众都能够听清楚	4	3	2	1
d.发音正确,吐字清晰	4	3	2	1

C.语言表达

a.表达时用词恰当准确	4	3	2	1
b.信息组织逻辑清晰	4	3	2	1
c.语言简练,不啰嗦	4	3	2	1
d.表达流畅,语意完整	4	3	2	1
e.能正确回答教师提问	4	3	2	1
f.回答问题及时	4	3	2	1

4.技能作品评价表

技能作品评价表

组别：　　　　　　　　　　　汇报人：

汇报内容：　　　　　　　　　评价主体：

说明：监控：监控小组代表在做口头汇报时每种行为发生的频率；
　　　评价："4"表示行为总是发生；"3"表示行为经常发生；
　　　　　"2"表示行为很少发生；"1"表示行为没有发生。

A.项目设计报告

a.小组成员能正确完整写明实验内容	4	3	2	1
b.小组成员正确画出控制系统的硬件原理图	4	3	2	1
c.小组成员正确画出控制系统的软件流程图	4	3	2	1
d.测试结果与分析符合要求	4	3	2	1
e.流程图和程序的设计简洁模块清晰	4	3	2	1
f.报告文档版面清楚,格式完整	4	3	2	1
g.报告文档是否体现知识拓展模块的设计	4	3	2	1
h.报告文档最后写出学习小结,分析存在差距的原因	4	3	2	1

B.实物作品展示

a.小组成员能够操作演示并有明显的效果	4	3	2	1
b.控制系统设计符合学习要求,能实现基本功能	4	3	2	1
c.操作系统的稳定性	4	3	2	1
d.控制系统美观	4	3	2	1
e.系统设计接线是否正确、合理	4	3	2	1
f.控制系统的设计效果有创意	4	3	2	1

5.6　学习与工作过程

工作任务背景：

本项目是从单片机各种应用系统中提炼出的典型的应用系统，本项目主要分四个部分：

（1）电机的测速。

（2）数据的存储与分析。

（3）电机的调速。

（4）温度监控与电机保护。

由这四个部分构成一个完整的闭环控制，通过这个项目的学习学生可了解一个自动控制系统的设计过程；理解闭环控制的基本原理和设计方法；同时，学习在系统内部资源不足时如何进行系统扩展；掌握系统总线、A/D、D/A的基本概念、扩展的电路连接、应用编程。为学生将来走上工作岗位，进行系统设计、产品开发、系统测试、软硬件调试、系统维护、维修，打下扎实的理论和实践基础。通过由浅到深的 5 个子项目分解，使学生一步步掌握各部分的设计，培养学生的分析问题、解决问题的能力，团队协作精神。

子任务一

脉冲发生模块设计

5.1　学习目标

完成本学习任务后,你应当能:

(1)简述 51 系列单片机芯片的标准配置及内部资源;

(2)查阅相关学习资料,叙述单片机的外部扩展的方法;

(3)叙述扩展常用的器件,及其应用;

(4)运用三总线的知识进行系统扩展的方法和芯片地址计算;

(5)运用 MOVX 指令对外部扩展芯片进行读写操作;

(6)叙述 D/A 转换器的主要特性参数的含义;

(7)运用资料对 DAC0832 D/A 转换器的硬件和软件设计;

(8)查阅资料选择合适的设计方案,设计符合设计要求的脉冲信号。

5.2　任务描述

设计一个控制模块,该模块由单片机控制 D/A 转换器,产生电压峰值为 -5 V 和 $+5$ V,频率 1 kHz 占空比 5 级可调的脉冲波信号。

5.2.1　学习准备

引导问题 1:51 系列单片机标准配置及内部资源有哪些,能输出的电压值是哪些电压值?

1.单片机的内部资源。

单片机的内部资源有:_____ KB ROM,_____ B RAM;_____个中断源系统;_____个_____位加一定时/计数器;_____个全双工串行 UART;_____个并行 I / O 口。

2.单片机输出的是数字量,其输出电压是_____ V 和_____ V。

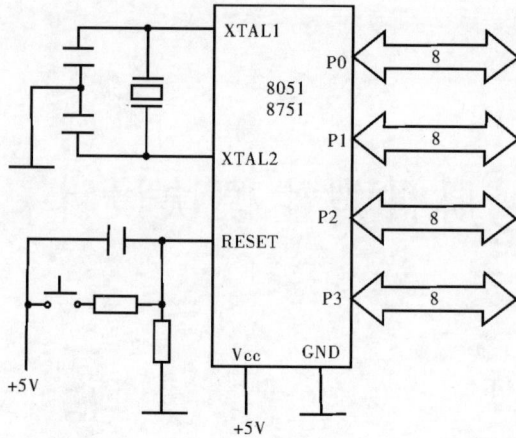

图 5-2　MCS－51单片机_____系统

仅用单片机内部资源能否做到输出＋5V、－5V？

□能　　　　□不能

引导问题 2:如何扩展外部电路?

1.单片机系统的三总线结构

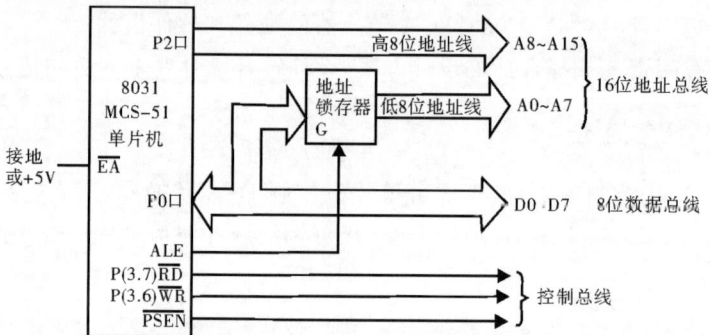

图 5-3　MCS－51单片机的三总线结构形式

计算机系统中的三总线是_____、_____、_____。

单片机的三总线结构:

(1)数据线的连接,_____口的____位线承担此任,此时不用外接上拉电阻。

(2)地址线的连接,_____口承担地址低八位线,作为地址线中的 A0～

A7；_____口承担地址高八位线。作为地址线中的 A8～A15。注意：_____口线地址/数据分时复用,需用地址锁存器 74LS373 锁存地址。

(3)控制线的连接,控制线的作用是:芯片的_____控制、_____控制。

2.单片机与外部器件数据交换要遵循两个重要原则

(1)地址_____性,即一个单元一个地址。

(2)同一时刻,CPU 只能访问_____个地址,即只能与一个单元交换数据。不交换时,外部器件处于_____状态,对总线呈_____状态。

选通:CPU 与器件交换数据或信息,需先发出_____信号/CE 或/CS,以便选中芯片。

读/写:CPU 向外部设备发出的_____控制命令。

EPROM:/OE ←————————　————————

SRAM：/WE ←————————　————————

/OE ←————————　————————

引导问题 3:扩展常用的器件有哪些?

74LS373 是一种_____芯片,在扩展时可用来_____,74LS244 和 74LS245 芯片是一种_____芯片,在扩展时可用来_____, 74LS138 _____是一种_____芯片,在扩展时可用来_____。

引导问题 4:系统如何扩展? 地址如何确定?

系统扩展的方法有_____、_____、_____。

1.不用片外译码器的单片程序存储器的扩展

试用 EPROM2764 构成 8031 的最小系统。

2764 是8K×8 位程序存储器,芯片的地址引脚线有 13 条,顺次和单片机的地址线_____相接。 由于不采用地址译码器,所以高 3 位地址线 A13、A14、A15 不接,故有 23＝8 个重叠的 8 KB 地址空间。因只用一片 2764,其片选信号 CE 可直接接地(常有效)。其连接电路如图 5-4 所示。

图 5-4 所示连接电路的 8 个重叠的地址范围为:

_____ ～ _____,即_____H～_____H;

_____ ～ _____,即_____H～_____H;

_____ ～ _____,即_____H～_____H;

_____ ～ _____,即_____H～_____H;

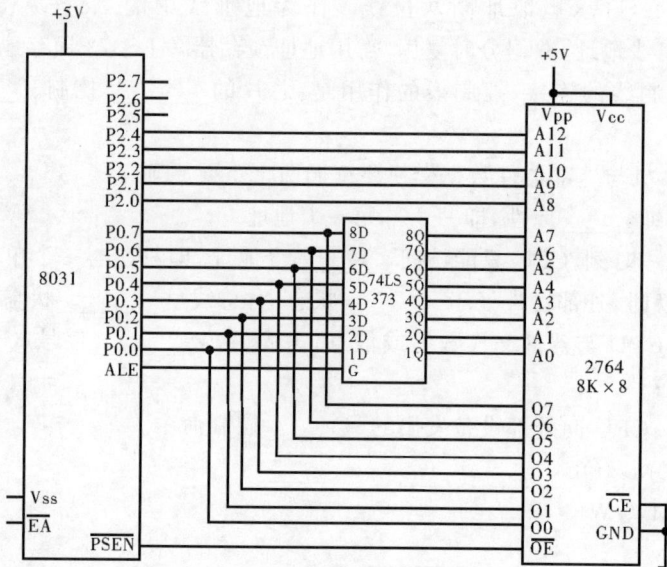

图 5-4   2764 与 8031 的扩展连接图

_____ ~ _____ ,即_____ H~ _____ H;

_____ ~ _____ ,即_____ H~ _____ H;

_____ ~ _____ ,即_____ H~ _____ H;

_____ ~ _____ ,即_____ H~ _____ H。

2.采用线选法的多片程序存储器的扩展

使用两片 2764 扩展 16KB 的程序存储器,采用线选法选中芯片。扩展连接图如图 5-5 所示。以 P2.7 作为片选,当 P2.7＝0 时,选中 2764(1);当 P2.7 ＝1 时,选中 2764(2)。因两根线(A13、A14)未用,故两个芯片各有 2^2＝4 个重叠的地址空间。它们分别为

左片:_____ ~ _____ ,即_____ H~ _____ H;

_____ ~ _____ ,即_____ H~ _____ H;

_____ ~ _____ ,即_____ H~ _____ H;

_____ ~ _____ ,即_____ H~ _____ H;

右片:_____ ~ _____ ,即_____ H~ _____ H;

_____ ~ _____ ,即_____ H~ _____ H;

_____ ~ _____ ,即_____ H~ _____ H;

_____ ~ _____ ,即_____ H~ _____ H。

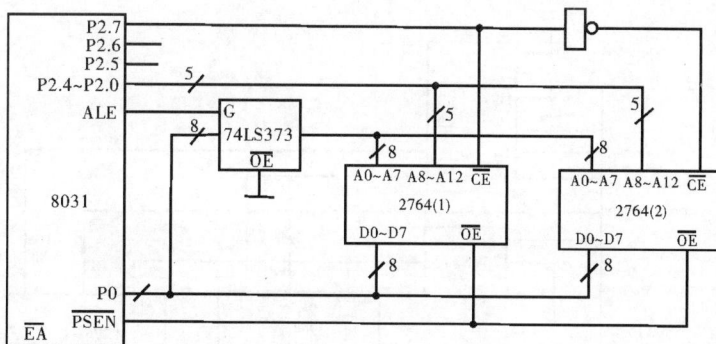

图 5-5　用两片 2764 EPROM 的扩展连接图

3.采用地址译码器的多片程序存储器的扩展

例如：要求用 2764 芯片扩展 8031 的片外程序存储器，分配的地址范围为 0000H～3FFFH。

分析：本例要求的地址空间是唯一确定的，所以要采用全译码方法，电路原理如图 5-6。由分配的地址范围知：

扩展的容量为 3FFFH－0000H＋1＝4000H＝4 KB，2764 为 8 K×8 位，故需要两片。第 1 片的地址范围应为 0000H～1FFFH；第 2 片的地址范围应为 2000H～3FFFH。

由地址范围确定译码器的连接。为此画出译码关系图如下：

表 5-2

P2.7	P2.6	P2.5	P2.4	P2.3	P2.2	P2.1	P2.0	P0.7	P0.6	P0.5	P0.4	P0.3	P0.2	P0.1	P0.0
A15	A14	A13	A12	A11	A10	A9	A8	A7	A6	A5	A4	A3	A2	A1	A0
0	0	0	×	×	×	×	×	×	×	×	×	×	×	×	×
0	0	1	×	×	×	×	×	×	×	×	×	×	×	×	×

左片地址范围：_____～_____，即_____H～_____H；
右片地址范围：_____～_____，即_____H～_____H。

引导问题 5：如何对外部扩展芯片进行读写操作？

80C51 单片机访问外部数据存储器时，可用数据指针寄存器_____进行寻址，也可用_____、_____寻址。由于 DPTR 为_____位，可寻址的范围可达_____ KB，所以扩展外部数据存储器的最大容量是_____ KB。访问外部数据存储器只能_____用_____寻址方式。

指令格式包括：

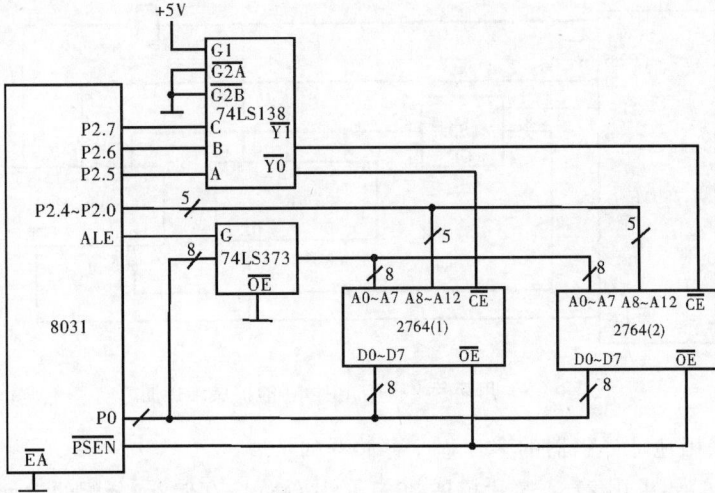

图 5-6　全译码、两片 2764 EPROM 的扩展连接图

（1）MOVX _____,_____ Ri; MOVX _____,_____ DPTR;
对外部数据存储器进行_____

（2） MOVX _____ Ri, _____; MOVX _____ DPTR,
_____;对外部数据存储器进行_____

在 51 中,与外部存储器 RAM 打交道的只可以是_____指令。所有需
要写到外部 RAM 的数据必须要通过_____寄存器送去,而所有要从外部
RAM 中读出的数据也必须通过_____寄存器读入。指令格式中的上面两
种格式用来将数据从外部数据存储器读入_____寄存器中,执行时,控制总
线中的/RD 产生一个_____信号,控制数据存储器把相应单元的数据送上
_____总线。指令格式中的下面两种格式用来将数据从_____写入到外
部数据存储器中,执行时,控制总线中的/WR 产生一个_____信号,控制数
据存储器把_____总线上的数据送到相应单元中。

访问内外部 RAM 的区别,内部 RAM 间可以用_____指令进行数据
的传递,而外部则要用_____进行传送。

如要将外部 RAM 中某一单元(设为 0100H 单元的数据)送入另一个单
元(设为 0200H 单元),也必须先将 0100H 单元中的内容读入 A,然后再送到
0200H 单元中去。

程序:_____ DPTR,♯0100H

_____ A,@DPTR ;外部 RAM0100H 单元中的内容读入 A
(读)

160

_____ DPTR ,＃0200H

_____ @DPTR,A ;把 A 中的数据送外部 RAM0200H 单元中
去(写)

由上面的程序可见,要读或写外部的 RAM,当然也必须要知道 RAM 的地址,在右两条指令中,地址是被直接放在_____中的。而左两条指令,由于 Ri(即 R0 或 R1)只是 8 位的寄存器,所以只提供_____地址,高 8 位地址由_____口来提供。使用时应先将要读或写的地址送入_____或_____中,然后再用读写命令。

引导问题 6:如何扩展 D/A 转换器?

1. D/A 转换器的主要特性参数的含义

(1)分辨率:_____一般用 D/A 转换器的_____来表征。

(2)增益温度系数:_____。

(3)转换速度:_____。

2.对 DAC0832D/A 转换器的硬件和软件设计

(1)DAC0832 的逻辑结构与引脚功能

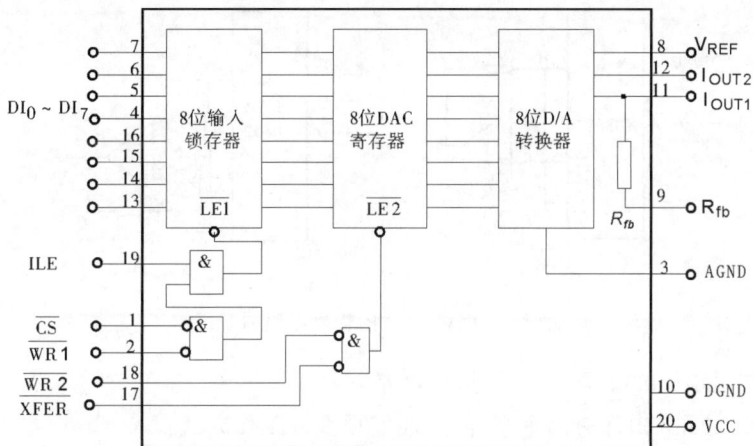

图 5-7　DAC0832 的逻辑结构

其主要特性参数:

①分辨率:_____位;

②增益温度系数:_____%;

③单电源供电:电源范围为_____;

④转换速度:约_____s;

⑤数据输入可采用_____、_____、_____方式。

请写出各引脚对应的功能:

_____:数字量输入端;

_____:片选信号输入端,低电平有效;

_____:允许输入锁存信号,高电平有效;

_____:输入锁存器写选通信号;

_____:8位DAC寄存器写选通信号;

_____:传送控制信号,低电平有效;

_____:DAC电流输出1端。当8位输入数字量全为1时,此电流最大;当8位输入数字量全为0时,此电流为0;

_____:DAC电流输出2端。IOUT1+IOUT2=常数;

_____:反馈电阻;

_____:参考电压输入端,可在−10V～+10V范围内选择。

(2) DAC0832的输出电路

请填写图5-8,分别属于DAC0832的哪一种输出电路:

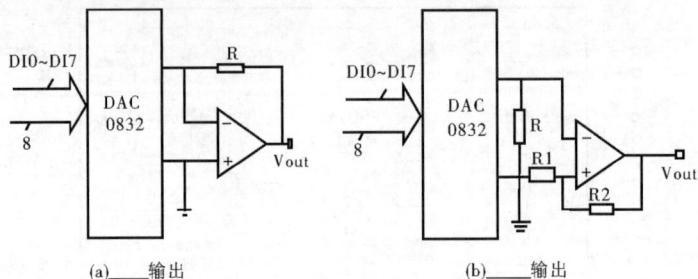

图5-8　DAC0832的输出电路原理图

(3) DAC0832与8051的接口电路

DAC0832内部有两个寄存器,能实现3种工作方式:

(A)直通方式:是指_____

(B)单缓冲方式:是指_____

_____

(C)双缓冲方式:是指_____

_____

162

图 5-9 是这三种方式中的哪一种的电路图?

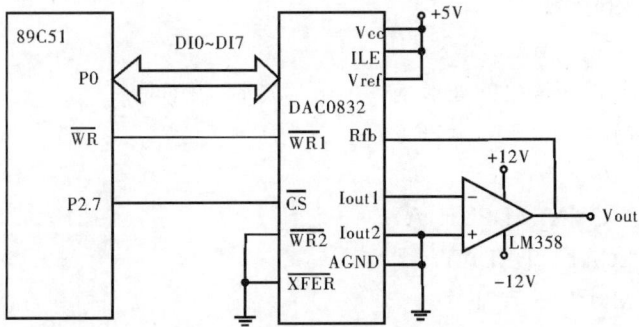

图 5-9 _____方式

(4) D/A 转换器的输出方式

D/A 转换器输出分为单极性和双极性两种输出形式,图 5-10 中图(a)、(b)分别是哪一种形式的。

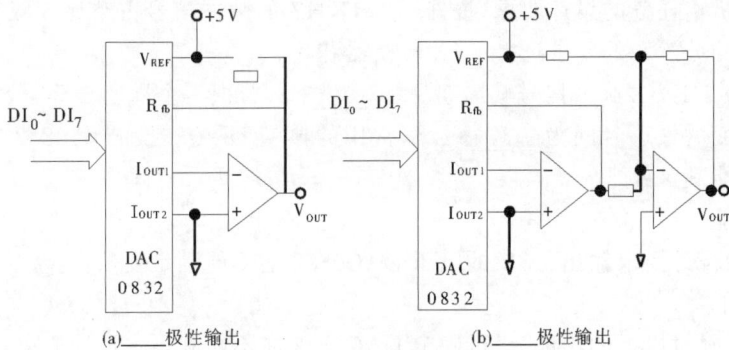

图 5-10　0832 的两种输出方式

引导问题 7:用 DAC 如何实现波形的输出?

例如:输出一个锯齿波。

在单缓冲方式双极性输出电路基础上,输出一个锯齿波的程序清单,分析各指令的作用:

```
        MOV DPTR,#7F00H        ;_____
        MOV A,#00H             ;_____
WW:     MOVX @DPTR,A           ;_____有效,表示_____
        INC A                 ;_____
```

163

```
        NOP
        NOP
        AJMP WW
```
分析如下程序输出的波形是_____波形,频率是_____
```
        MOV DPTR,#7F00H
LL：    MOV A,#00
        MOVX @DPTR,A
        LCALL DELAY
        MOV A,#7FH
        MOVX @DPTR,A
        LCALL DELAY
        SJMP LL
```

5.2.2 工作计划

分析本任务的设计要求,根据产生 1KHZ 的脉冲信号占空比 5 级可调和对电压的分辨率的要求选择 D/A 转换器芯片。

(1) 1 KHZ 脉冲信号其周期是_____S,若把一个周期 5 等分,每级所需要改变的最小时间为_____S,常用的典型 D/A 转换芯片 0832 转换速度能不能满足要求?

☐能　　　　　　　　　　　☐不能

(2)设计要求输出±5V 的电压 DAC0832 能不能满足要求?

☐能　　　　　　　　　　　☐不能

(3)经过以上的论证分析,确定 DAC0832 能不能满足本设计要求?

☐能　　　　　　　　　　　☐不能

5.2.3 任务实施

查找所选择的芯片的工作原理及应用等资料,并完成能达到目标要求的电路设计与装配。

1.硬件设计与调试

(1)进行硬件电路方案的选择。

由于设计要求输出±5 V 的电压,因此 DAC0832 的输出电路应采用_____极性输出的连接方式,缓冲方式为_____方式。

(2)列元器件清单(表 5-3)。

表 5-3

器件名称	规格型号	单位	数量	单价	金额
合计					

(3)根据电路原理图进行电路板的设计和元器件的安装。

(4)调试 D/A 部分电路,先把 D/A 转换器的数字量输入端接到开关,改变开关状态改变数字量用万用表测量输出电压值(表 5-4)。

表 5-4

数字量	输出电压(V)(理论值)	输出电压(V)(实测值)
00H		
80H		
0FFH		
40H		
0C0H		

分析理论计算与实测值间的误差,确定该电路的工作是否正常,如相差太多,请检查电路是否有误,检查并改正之。

(5)调试 D/A 及小系统电路,写入一小段程序,每次只写入一个数字量,用万用表测量输出电压值(表 5-5)。

表 5-5

数字量	输出电压(V)理论值	输出电压(V)实测值
00H		
80H		
0FFH		
40H		
0C0H		

分析理论计算与实测值间的误差,确定该电路的工作是否正常,如相差太

多,请检查程序是否有误,或与小系统连接处电路是否有误,检查并改正之。

2.软件设计与调试

(1)计算+5 V的电压对应的数字量是_____,频率为1 kHz占空比为50％的脉冲波形,其高电平需要_____S,低电平需要_____S。

(2)编写程序控制D/A转换器输出一个峰值为+5 V,频率为1 kHz占空比为50％的脉冲波形,并用示波器观察输出波形,是否符合要求。

(3)计算1 kHz脉冲分5级,每级变化的时间是_____S,改变其中高低电平的延时时间,调节脉冲信号的占空比,观察输出的波形,是否是预想的效果。

(4)改变输出脉冲的峰值为±5 V。

5.2.4 成果检查

将本阶段的制作成果做一个展示和进行答辩,从实物、项目报告和答辩等方面进行评价:

(1)小组中一位成员演示本组完成的项目作品;

(2)一位成员以报告的形式向老师与同学汇报本组的作品设计并回答教师的提问;

(3)由教师与学生共同评价学生的工作情况,给出建议。

5.2.5 学业评价

实行多评价主体参与的学习全过程综合考核制度,考核按照平时训练和综合训练相结合、理论和实践相结合、实物和答辩相结合的原则进行,最终成绩根据学习过程成绩、实物、项目报告和答辩结果来确定。

(详见学习任务五学业评价表)

子任务二

直流电机的控制

5.1 学习目标

完成本学习任务后,你应当能:

(1)查资料叙述直流电机的工作原理及速度、方向控制的方法;

(2)运用直流电机的有关知识设计电机驱动电路;

(3)在教师指导下,分组完成对方案的分析和选择,并实施;

(4)在教师指导下,运用直流电机的有关知识对硬件、软件进行设计,使之达到设计要求。

5.2 任务描述

在子任务一的基础上,通过单片机的程序预设对电机的速度与方向进行控制。

5.2.1 学习准备

引导问题:小直流电机是如何工作的?

1.直流电机是通过改变电机线圈的_____信号的_____来改变电机的转速,转动方向是由电机线圈上的_____来改变的。因此,可用 D/A 转换器输出双极性的脉冲信号来控制电机正反转。

2.小直流电机工作的必要条件是_____。

3.查阅资料并回答问题。

子任务一的脉冲信号发生模块输出的电压是_____,小直流电机工作电压是_____,脉冲信号发生模块输出的电流是_____,小直流电机工作电流是_____,由此可见,脉冲信号发生模块能不能直接驱动小直流电机工作。

□能   □不能

在这两个部分之间需要加入_____使得小直流电机能受脉冲信号发生模块控制。

5.2.2 工作计划

1.查阅所采用的小型直流电机的相关资料,了解该直流电机的工作电压及工作电流的数据。

2.考虑如何用脉冲信号发生模块的输出来控制直流电机,查阅有关资料找到有关电机驱动的电路,并进行输入/输出电压及电流的计算,分析是否适合本子任务的情况,如有需要可对电路参数进行适当调整。

5.2.3 任务实施

1.根据电机驱动电路填写购置元器件清单(表5-6)。

表 5-6

器件名称	规格型号	单位	数量	单价	金额
合计					

2.设计印制电路板走线图,将所购器件装配好。

3.在不接电机的情况下,测电机驱动电路空载时的输出电压和电流,是否与设计的一致,如有偏差分析看是否会影响电机的工作,不影响不用修改,否则需进行电路检查或修改相关参数。

4.接入电机,写入不同占空比的脉冲信号发生程序运行,观察电机转动情况。

5.写入不同极性的脉冲信号发生程序运行,观察电机转动情况。

5.2.4 成果检查

将本阶段的制作成果做一个展示和进行答辩,从实物、项目报告和答辩等方面进行评价:

（1）小组中一位成员演示本组完成的项目作品；

（2）一位成员以报告的形式向老师与同学汇报本组的作品设计并回答教师的提问；

（3）由教师与学生共同评价学生的工作情况，给出建议。

5.2.5　学业评价

实行多评价主体参与的学习全过程综合考核制度，考核按照平时训练和综合训练相结合、理论和实践相结合、实物和答辩相结合的原则进行，最终成绩根据学习过程成绩、实物、项目报告和答辩结果来确定。

（详见学习任务五学业评价表）

子任务三

小直流电机速度方向的设置与控制

5.1 学习目标

完成本学习任务后,你应当能:
(1)运用前面做过的模块进行组合,使之符合本任务的要求;
(2)运用键盘显示模块,完成对直流电机进行速度与方向控制的设计。

5.2 任务描述

实现通过键盘输入转速和方向,设定电机 5 级速度的预置与步进增减,并在显示器上显示当前设定的转速级别与方向。

提示:本任务可应用以前做的键盘显示模块与单片机相接,利用键盘输入数字量控制单片机使 D/A 转换器输出相应电压的脉冲信号,从而控制电机的转速与方向,显示器把设定的数据显示出来。

5.2.1 工作计划

1.讨论键盘的功能定义:

5 级速度预置需要_____个键,速度的步进增减需要_____个键,方向控制需要_____个键,是否还要定义其他键_____,确定所有按键的分布和功能填入表 5-7。

表 5-7

2.讨论显示器功能,显示速度级别需要 _____ 位,显示方向需要
_____位,确定显示器各位的功能定义:

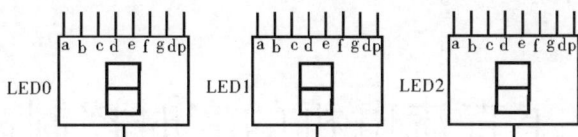

LED0 功能:_____

LED1 功能:_____

LED2 功能:_____

3.讨论键盘显示模块与单片机的对接方案:

完成子任务二后,单片机还有_____口或 I/O 引脚是空闲的,选取其中的几个与键盘显示模块连接,并完成电路原理图设计。

5.2.2　任务实施

1.根据电路原理图连接两个模块。

2.写的段程序,对键盘显示模块进行测试,观察键盘显示模块的运行情况是否正常。

3.根据本任务要求进行软件设计,观察键盘对直流电机的控制情况。

5.2.3　成果检查

将本阶段的制作成果做一个展示和进行答辩,从实物、项目报告和答辩等方面进行评价:

(1)小组中一位成员演示本组完成的项目作品;

(2)一位成员以报告的形式向老师与同学汇报本组的作品设计并回答教师的提问;

(3)由教师与学生共同评价学生的工作情况,给出建议。

5.2.4　学业评价

实行多评价主体参与的学习全过程综合考核制度,考核按照平时训练和综合训练相结合、理论和实践相结合、实物和答辩相结合的原则进行,最终成绩根据学习过程成绩、实物、项目报告和答辩结果来确定。

(详见学习任务五学业评价表)

子任务四

小直流电机的实时控制

5.1 学习目标

完成本学习任务后,你应当能:

(1)查阅资料找到可以测量电机转动速的方法,并独立完成对多个方案进行比较,找到最佳方案;

(2)运用闭环控制的原理,设计简单的闭环控制系统。

5.2 任务描述

在显示器上显示当前电机的实际转动速度级别及方向,能自动调整实际速度使电机的转速与预设的转速一致。

在子任务三中显示的速度级别是键盘设定的,与实际值可能存在误差,需要对转速进行测量与校准,以达到实时控制的要求。

5.2.1 工作计划

通过查阅资料找到实现电机测速功能的方法,将所找到的几个方案简述于下:

方案一:_____

方案二:_____

方案三:_____

方案比较(表 5-8)。

表 5-8

	电路复杂程度	输出信号格式	实现难易程度	成本
方案一				
方案二				
方案三				

通过对这些方案的比较,小组讨论决定采用方案_____。

5.2.2　任务实施

1.根据选定方案,对子任务三的系统电路进行适当改造,使之具备测速功能。

2.根据选定方案,对子任务三的系统软件进行适当补充,使之能对测速电路送来的信号进行处理计算、分析。若计算得到的速度与理论值的偏差超过一个级别的三分之一时,软件要能自动调整输出的控制信号,对速度进行校正。

5.2.3　成果检查

将本阶段的制作成果做一个展示和进行答辩,从实物、项目报告和答辩等方面进行评价:

(1)小组中一位成员演示本组完成的项目作品;

(2)一位成员以报告的形式向老师与同学汇报本组的作品设计并回答教师的提问;

(3)由教师与学生共同评价学生的工作情况,给出建议。

5.2.4　学业评价

实行多评价主体参与的学习全过程综合考核制度,考核按照平时训练和综合训练相结合、理论和实践相结合、实物和答辩相结合的原则进行,最终成绩根据学习过程成绩、实物、项目报告和答辩结果来确定。

(详见学习任务五学业评价表)

子任务五

带温度监测的电机控制系统

5.1 学习目标

完成本学习任务后,你应当能:

(1)叙述 A/D 转换器的主要特性参数的含义;

(2)运用资料对 ADC0809A/D 转换器的硬件和软件设计;

(3)查阅资料,运用温度传感器进行温度检测电路的设计;

(4)运用已有的知识为电机保护提供意见和建议;

(5)独立完成一个完整电子产品说明书的编写。

5.2 任务描述

电机转动时会发热,如果电机的温度超过一定温度会造成电机线圈烧毁,本任务要求给电机加一个保护措施,对电机的外壳进行温度检测,当温度高于所设的值时,发出报警,并停止运行。

提示:在电机外壳上加一个感温装置,用来测电机的温度,通过转换电路把温度转换成电压,再用 A/D 转换芯片把电压转换成数字量给单片机。报警电路就用前面做好的音乐模块来做即可,温度可用键盘设置。

5.2.1 学习准备

引导问题 1:如何实现电压转换成数字量?

用外部扩展＿＿＿＿＿＿＿芯片来实现。

引导问题 2:如何应用 ADC 接口芯片?

1. ADC0809 的逻辑结构

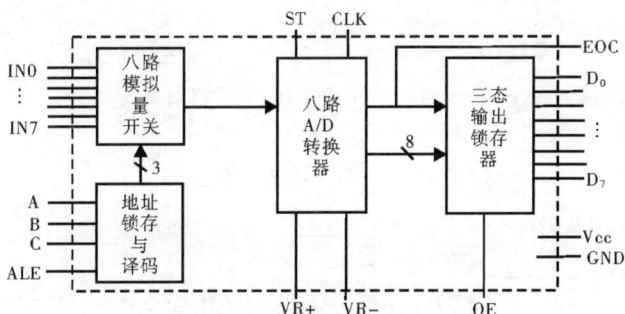

图 5-11　0809 **内部逻辑结构**

2.主要指标：_____、_____、_____、_____，其中分辨率是指：
_____，用公式表示为：_____$/2^n$　（n 为位数）。

3. ADC0809 的主要特性：

(1)分辨率为_____位。

(2)最大不可调误差小于_____。

(3)_____电源供电,模拟输入范围为_____ V。

(4)具有锁存控制的_____路模拟开关。

(5)功耗为_____ W。

(6)可锁存三态输出,输出与_____兼容。

(7)转换速度取决于_____,时钟频率范围:_____ Hz。

4.请写出 ADC0809 的各主要引脚功能：

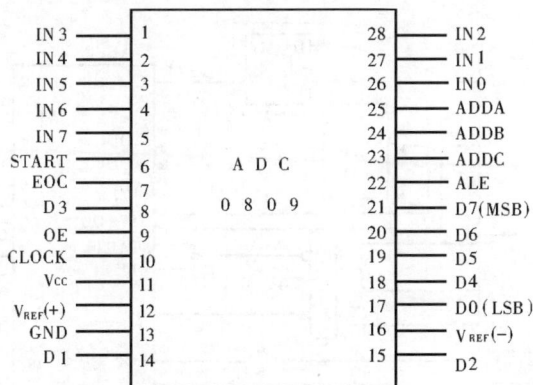

图 5-12　0809 **引脚分布图**

IN0～IN7：_____

D0～D7：_____

VREF（＋）、VREF（－）：_____，一般情况下 VREF（＋）与
_____相连接，VREF（－）与_____相连接

CLOCK：_____

START：_____信号，_____电平有效。

ADDA、ADDB、ADDC：_____。

ALE：_____信号。

EOC：_____信号，此信号常被用来作为_____。

OE：_____信号。

5.请写出地址与通道的对应关系（表5-9）。

表 5-9

ADDC	ADDB	ADDA	输入通道
0	0	0	
0	0	1	
0	1	0	
0	1	1	
1	0	0	
1	0	1	
1	1	0	
1	1	1	

6. ADC0809 与 8051 接口电路。

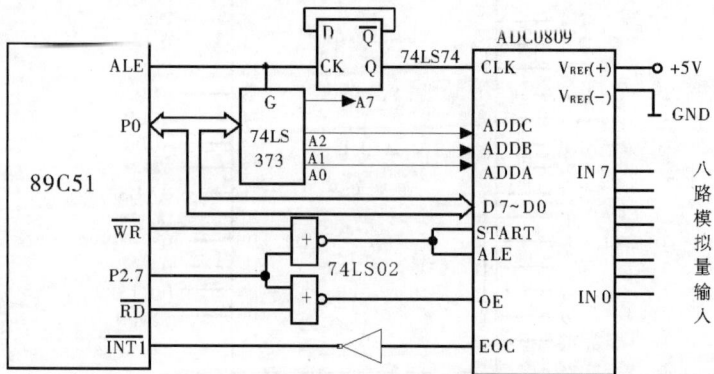

图 5-13　0809 与 8051 的电路连接

若要选中图 5-13 中的 ADC0809 的通道 0 工作，写入的 0809 芯片地址应

为_____H,图中的 74LS74 的作用是_____,如果这里不加 74LS74 会_____。

引导问题 3:如何对 0809 进行编程?

1.要启动 0809 通道 5 进行 A/D 转换,程序应该为:

MOV DPTR ,_____

MOVX ,_____

当 A/D 转换完成时,EOC = _____,写一条指令对其进行查询_____。

2.A/D 转换编程方法:

实现从 0809 的通道 7 输入 A/D 转换结果,并将数字量存于寄存器 B 中。(电路原理图如图 5-13),请将以下程序填写完整:

查询方式:

```
        ORG 0000H              ;主程序入口地址
        AJMP MAIN              ;跳转主程序
        ORG 1000H              ;中断入口地址
MAIN:   MOV DPTR,#_____ H   ;指向 0809 IN7 通道地址
        MOVX _____,_____ ;启动 A/D 转换
L1:     JB _____, L1        ;查询
        MOVX _____,_____ ;读 A/D 转换结果
        MOV B, A               ;存数据
        SJMP $
```

中断方式:

```
        ORG 0000H              ;主程序入口地址
        AJMP MAIN              ;跳转主程序
        ORG _____ H         ;中断入口地址
        AJMP INT1              ;跳转中断服务程序
MAIN:   SETB _____          ;边沿触发
        SETB _____          ;开中断
        SETB _____          ;允许中断
        MOV DPTR,#_____ H   ;指向 0809 IN7 通道地址
        MOVX _____,_____ ;启动 A/D 转换
        SJMP $                 ;等待中断
```

177

INT1： MOVX ＿＿＿＿＿＿，＿＿＿＿＿＿ ;读 A/D 转换结果
　　　 MOV B,＿＿＿＿＿＿ ;存数
　　　 RETI ;返回

5.2.2　工作计划

查阅资料查找测温度的传感器及其应用电路,并进行方案比较。

将所找到的几个方案简述于下:

方案一:＿＿＿＿＿＿＿＿＿＿＿＿＿＿＿＿＿＿＿＿＿＿＿＿＿＿＿＿＿＿＿＿＿＿＿

方案二:＿＿＿＿＿＿＿＿＿＿＿＿＿＿＿＿＿＿＿＿＿＿＿＿＿＿＿＿＿＿＿＿＿＿＿

方案三:＿＿＿＿＿＿＿＿＿＿＿＿＿＿＿＿＿＿＿＿＿＿＿＿＿＿＿＿＿＿＿＿＿＿＿

方案比较(表 5-10):

表 5-10

	电路复杂程度	输出信号格式	实现难易程度	成本
方案一				
方案二				
方案三				

通过对这些方案的比较,小组讨论决定采用方案＿＿＿＿＿＿＿。

5.2.3　任务实施

1.根据所采用的方案进行测温电路设计,列出元器件清单(表 5-11)。

表 5-11

器件名称	规格型号	单位	数量	单价	金额
合计					

2.设计测温电路的印刷电路图,并装配好电路。

3.测温电路单独调试:把温度传感器放在手心或包装好放到热水中,测量其输出信号是否正常。如正常进行下一步。

4.根据资料对 A/D 转换器应用电路进行设计,设计时注意温度传感器电

路输出的信号大小,是否需要进行信号的整理与放大,以及阻抗匹配问题。

5.列 A/D 转换部分的元器件清单(表 5-12)。

表 5-12

器件名称	规格型号	单位	数量	单价	金额
合计					

6.设计 A/D 转换部分的印刷电路图,并进行装配。

7. A/D 转换部分独立调试:用一电位器构成的分压器作业模拟输入端的输入信号,测量数字量输出是否正常。

8.将 A/D 转换部分电路与单片机对接,输入信号同上,写一程序段,启动 A/D 转换观察程序运行是否正常。

9.加入测温电路,测试,观察单片机能否采集到温度数据。并做好温度与数字量对应关系的记录,范围从 70 到 100 度。

表 5-13

序号	温度(℃)	数字量
1	70	
2	75	
3	80	
4	…	

10.加入音乐演奏器的电路,作为报警器。

11.用键盘设定温度上限,软件经温度采集后分析,超过时报警。

12.把温度传感器紧贴在电机的外壳上,调试软件,实现电机外壳超过设定温度时候出报警并使电机停机。

13.完成本任务作品的整理,设计外观,写出产品的功能说明书、使用说明书和完整的系统设计说明书。

5.2.4　成果检查

将本阶段的制作成果做一个展示和进行答辩,从实物、项目报告和答辩等方面进行评价：

（1）小组中一位成员演示本组完成的项目作品；

（2）一位成员以报告的形式向老师与同学汇报本组的作品设计并回答教师的提问；

（3）由教师与学生共同评价学生的工作情况，给出建议。

5.2.5 学业评价

实行多评价主体参与的学习全过程综合考核制度，考核按照平时训练和综合训练相结合、理论和实践相结合、实物和答辩相结合的原则进行，最终成绩根据学习过程成绩、实物、项目报告和答辩结果来确定。

（详见学习任务五学业评价表）

附录一

ACSII 码表

ASCII 值	控制字符	ASCII 值	控制字符	ASCII 值	控制字符	ASCII 值	控制字符
0	NUT	32	(space)	64	@	96	`
1	SOH	33	!	65	A	97	a
2	STX	34	"	66	B	98	b
3	ETX	35	#	67	C	99	c
4	EOT	36	$	68	D	100	d
5	ENQ	37	%	69	E	101	e
6	ACK	38	&	70	F	102	f
7	BEL	39	,	71	G	103	g
8	BS	40	(	72	H	104	h
9	HT	41	)	73	I	105	i
10	LF	42	*	74	J	106	j
11	VT	43	+	75	K	107	k
12	FF	44	,	76	L	108	l
13	CR	45	—	77	M	109	m
14	SO	46	.	78	N	110	n
15	SI	47	/	79	O	111	o
16	DLE	48	0	80	P	112	p
17	DCI	49	1	81	Q	113	q
18	DC2	50	2	82	R	114	r
19	DC3	51	3	83	X	115	s
20	DC4	52	4	84	T	116	t
21	NAK	53	5	85	U	117	u
22	SYN	54	6	86	V	118	v
23	TB	55	7	87	W	119	w
24	CAN	56	8	88	X	120	x
25	EM	57	9	89	Y	121	y
26	SUB	58	:	90	Z	122	z

续表

ASCII 值	控制字符	ASCII 值	控制字符	ASCII 值	控制字符	ASCII 值	控制字符
27	ESC	59	;	91	[	123	{
28	FS	60	<	92	\	124		
29	GS	61	=	93	]	125	}
30	RS	62	>	94	^	126	~
31	US	63	?	95	—	127	DEL

表中符号说明

NUL	VT 垂直制表	SYN 空转同步
SOH 标题开始	FF 走纸控制	ETB 信息组传送结束
STX 正文开始	CR 回车	CAN 作废
ETX 正文结束	SO 移位输出	EM 纸尽
EOY 传输结束	SI 移位输入	SUB 换置
ENQ 询问字符	DLE 空格	ESC 换码
ACK 承认	DC1 设备控制 1	FS 文字分隔符
BEL 报警	DC2 设备控制 2	GS 组分隔符
BS 退一格	DC3 设备控制 3	RS 记录分隔符
HT 横向列表	DC4 设备控制 4	US 单元分隔符
LF 换行	NAK 否定	DEL 删除

附录二

MCS—51 指令表

指令格式	功能简述	字节数	周期
一、数据传送类指令			
MOV A, Rn	寄存器送累加器	1	1
MOV Rn,A	累加器送寄存器	1	1
MOV A ,@Ri	内部 RAM 单元送累加器	1	1
MOV @Ri ,A	累加器送内部 RAM 单元	1	1
MOV A ,#data	立即数送累加器	2	1
MOV A ,direct	直接寻址单元送累加器	2	1
MOV direct ,A	累加器送直接寻址单元	2	1
MOV Rn,#data	立即数送寄存器	2	1
MOV direct ,#data	立即数送直接寻址单元	3	2
MOV @Ri ,#data	立即数送内部 RAM 单元	2	1
MOV direct ,Rn	寄存器送直接寻址单元	2	2
MOV Rn ,direct	直接寻址单元送寄存器	2	2
MOV direct ,@Ri	内部 RAM 单元送直接寻址单元	2	2
MOV @Ri ,direct	直接寻址单元送内部 RAM 单元	2	2
MOV direct2,direct1	直接寻址单元送直接寻址单元	3	2
MOV DPTR ,#data16	16 位立即数送数据指针	3	2
MOVX A ,@Ri	外部 RAM 单元送累加器(8 位地址)	1	2
MOVX @Ri ,A	累加器送外部 RAM 单元(8 位地址)	1	2
MOVX A ,@DPTR	外部 RAM 单元送累加器(16 位地址)	1	2
MOVX @DPTR ,A	累加器送外部 RAM 单元(16 位地址)	1	2
MOVC A ,@A+DPTR	查表数据送累加器(DPTR 为基址)	1	2
MOVC A ,@A+PC	查表数据送累加器(PC 为基址)	1	2
XCH A ,Rn	累加器与寄存器交换	1	1
XCH A ,@Ri	累加器与内部 RAM 单元交换	1	1
XCHD A ,direct	累加器与直接寻址单元交换	2	1

续上表

指令格式	功能简述	字节数	周期
XCHD A ,@Ri	累加器与内部 RAM 单元低 4 位交换	1	1
SWAP A	累加器高 4 位与低 4 位交换	1	1
POP direct	栈顶弹出指令直接寻址单元	2	2
指令格式	功能简述	字节数	周期
PUSH direct	直接寻址单元压入栈顶	2	2

二、算术运算类指令

ADD A，Rn	累加器加寄存器	1	1
ADD A，@Ri	累加器加内部 RAM 单元	1	1
ADD A，direct	累加器加直接寻址单元	2	1
ADD A，♯data	累加器加立即数	2	1
ADDC A，Rn	累加器加寄存器和进位标志	1	1
ADDC A，@Ri	累加器加内部 RAM 单元和进位标志	1	1
ADDC A，♯data	累加器加立即数和进位标志	2	1
ADDC A，direct	累加器加直接寻址单元和进位标志	2	1
INC A	累加器加 1	1	1
INC Rn	寄存器加 1	1	1
INC direct	直接寻址单元加 1	2	1
INC @Ri	内部 RAM 单元加 1	1	1
INC DPTR	数据指针加 1	1	2
DA A	十进制调整	1	1
SUBB A，Rn	累加器减寄存器和进位标志	1	1
SUBB A，@Ri	累加器减内部 RAM 单元和进位标志	1	1
SUBB A，♯data	累加器减立即数和进位标志	2	1
SUBB A，direct	累加器减直接寻址单元和进位标志	2	1
DEC A	累加器减 1	1	1
DEC Rn	寄存器减 1	1	1
DEC @Ri	内部 RAM 单元减 1	1	1
DEC direct	直接寻址单元减 1	2	1
MUL AB	累加器乘寄存器 B	1	4
DIV AB	累加器除以寄存器 B	1	4

三、逻辑运算类指令

ANL A，Rn	累加器与寄存器	1	1
ANL A，@Ri	累加器与内部 RAM 单元	1	1

续上表

指令格式	功能简述	字节数	周期
ANL A，#data	累加器与立即数	2	1
ANL A，direct	累加器与直接寻址单元	2	1
ANL direct，A	直接寻址单元与累加器	2	1
ANL direct，#data	直接寻址单元与立即数	3	1
ORL A，Rn	累加器或寄存器	1	1
ORL A，@Ri	累加器或内部 RAM 单元	1	1
ORL A，#data	累加器或立即数	2	1
ORL A，direct	累加器或直接寻址单元	2	1
ORL direct，A	直接寻址单元或累加器	2	1
ORL direct，#data	直接寻址单元或立即数	3	1
XRL A，Rn	累加器异或寄存器	1	1
XRL A，@Ri	累加器异或内部 RAM 单元	1	1
XRL A，#data	累加器异或立即数	2	1
XRL A，direct	累加器异或直接寻址单元	2	1
XRL direct，A	直接寻址单元异或累加器	2	1
XRL direct，#data	直接寻址单元异或立即数	3	2
RL A	累加器左循环移位	1	1
RLC A	累加器连进位标志左循环移位	1	1
RR A	累加器右循环移位	1	1
RRC A	累加器连进位标志右循环移位	1	1
CPL A	累加器取反	1	1
CLR A	累加器清零	1	1

四、控制转移类指令类

指令格式	功能简述	字节数	周期
ACCALL addr11	2 KB 范围内绝对调用	2	2
AJMP addr11	2 KB 范围内绝对转移	2	2
LCALL addr16	2 KB 范围内长调用	3	2
LJMP addr16	2 KB 范围内长转移	3	2
SJMP rel	相对短转移	2	2
JMP @A+DPTR	相对长转移	1	2
RET	子程序返回	1	2
RET1	中断返回	1	2
JZ rel	累加器为零转移	2	2
JNZ rel	累加器非零转移	2	2
CJNE A，#data，rel	累加器与立即数不等转移	3	2

续上表

指令格式	功能简述	字节数	周期
CJNE A ,direct ,rel	累加器与直接寻址单元不等转移	3	2
CJNE Rn,♯data ,rel	寄存器与立即数不等转移	3	2
CJNE @Ri ,♯data,rel	RAM 单元与立即数不等转移	3	2
DJNZ Rn ,rel	寄存器减 1 不为零转移	2	2
DJNZ direct ,rel	直接寻址单元减 1 不为零转移	3	2
NOP	空操作	1	1

五、布尔操作类指令（C 表示进位标识）

指令格式	功能简述	字节数	周期
MOV C，bit	直接寻址位送 C	2	1
MOV bit，C	C 送直接寻址位	2	1
CLR C	C 清零	1	1
CLR bit	直接寻址位清零	2	1
CPL C	C 取反	1	1
CPL bit	直接寻址位取反	2	1
SETB C C	置位	1	1
SETB bit	直接寻址位置位	2	1
ANL C，bit	C 逻辑与直接寻址位	2	2
ANL C，/bit	C 逻辑与直接寻址位的反	2	2
ORL C，bit	C 逻辑或直接寻址位	2	2
ORL C，/bit	C 逻辑或直接寻址位的反	2	2
JC rel	C 为 1 转移	2	2
JNC rel	C 为零转移	2	2
JB bit,rel	直接位寻址位为 1 转移	3	2
JNB bit,rel	直接位寻址为 0 转移	3	2
JBC bit,rel	直接位寻址为 1 转移并清 0 该位	3	2

附录三

Keil uVision2 仿真软件的使用说明

　　uVision2 IDE 是德国 Keil 公司开发的基于 Windows 平台的单片机集成开发环境,它包含一个高效的编译器、一个项目管理器和一个 MAKE 工具。其中 Keil C51 是一种专门为单片机设计的高效率 C 语言编译器,符合 ANSI 标准,生成的程序代码运行速度极高,所需要的存储器空间极小,完全可以与汇编语言媲美。

1.关于开发环境

　　uVision2 的界面如图 6-1 所示,uVision2 允许同时打开、浏览多个源文件。

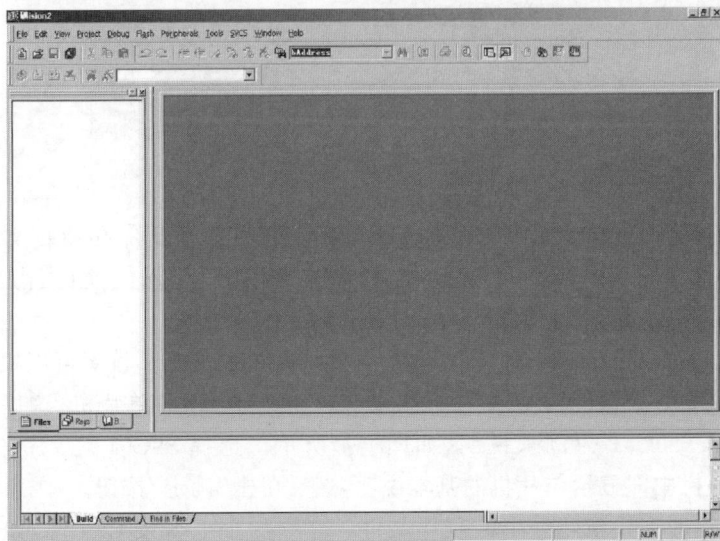

图 6-1　uVision2 界面图

2.创建项目实例

uVision2 包括一个项目管理器,它可以使 8x51 应用系统的设计变得简单。要创建一个应用,需要按下列步骤进行操作:

- 启动 uVision2,新建一个项目文件并从器件库中选择一个器件。
- 新建一个源文件并把它加入到项目中。
- 增加并设置选择的器件的启动代码。
- 针对目标硬件设置工具选项。
- 编译项目并生成可编程 PROM 的 HEX 文件。
-

下面将逐步地进行描述,从而指引读者创建一个简单的 uVision2 项目。

(1)选择【Project】/【New Project】选项,如图 6-2 所示。

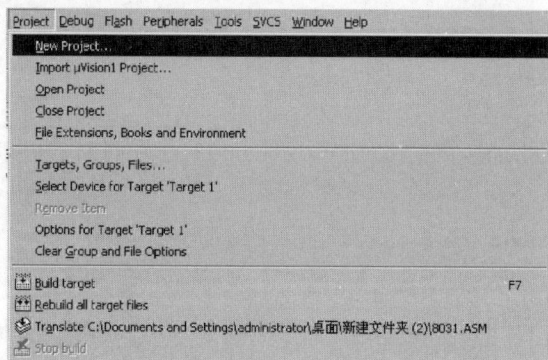

图 6-2　Project 菜单

(2)在弹出的"Create New Project"对话框中选择要保存项目文件的路径,比如保存到 Exercise 目录里,在"文件名"文本框中输入项目名为 example,如图 6-3 所示,然后单击"保存"按钮。

(3)此时会弹出一个对话框,要求选择单片机的型号。读者可以根据使用的单片机型号来选择,Keil C51 几乎支持所有的 51 核的单片机,这里只是以常用的 AT89C51 为例来说明,如图 6-4 所示。选择 89C51 之后,右边 Description 栏中即显示单片机的基本说明,然后单击"确定"按钮。

(4)这时需要新建一个源程序文件。建立一个汇编或 C 文件,如果已经有源程序文件,可以忽略这一步。选择【File】/【New】选项,如图 6-5 所示。在弹出的程序文本框中输入一个简单的程序,如图 6-6 所示。

图 6-3　Create New Project 对话框

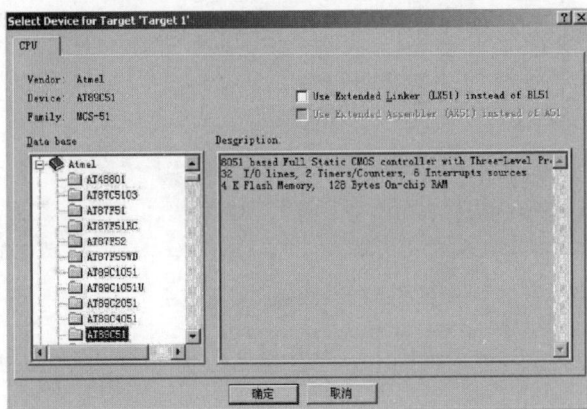

图 6-4　选择单片机的型号对话框

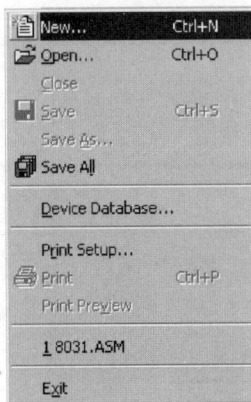

图 6-5　新建源程序文件对话框图

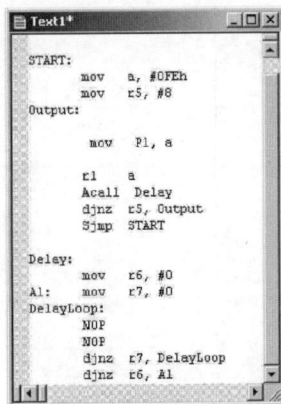

图 6-6　程序文本框

（5）选择【File】/【Save】选项，或者单击工具栏 按钮，保存文件。

在弹出的如图 6-7 所示的对话框中选择要保存的路径，在"文件名"文本框中输入文件名。注意一定要输入扩展名，如果是 C 程序文件，扩展名为.c；如果是汇编文件，扩展名为.asm；如果 ini 文件，扩展名为. ini。这里需要存储 ASM 源程序文件，所以输入.asm 扩展名（也可以保存为其他名字，比如 new.asm 等），单击"保存"按钮。

图 6-7　"Save As"对话框图

（6）单击 Target1 前面的＋号，展开里面的内容 Source Group1，如图 6-8 所示。

图 6-8　Target 展开图

(7)用右键单击 Source Group1,在弹出的快捷菜单中选择 Add File to Group'Source Group1'选项,如图 6-9 所示。

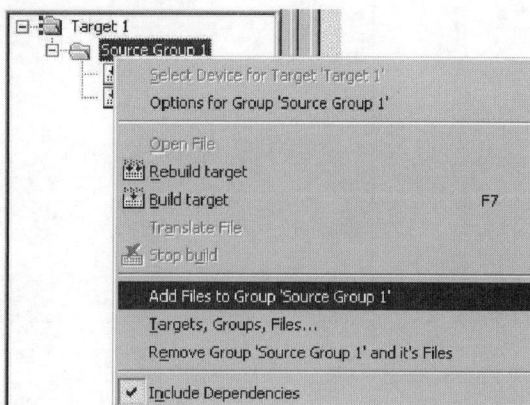

图 6-9 Add Files to Group 'Source Group1'菜单

(8)选择刚才的文件 example.asm,文件类型选择 Asm Source file (*.C)。如果是 C 文件,则选择 C Source file;如果是目标文件,则选择 Object file;如果是库文件,则选择 Library file。最后单击"Add"按钮,如果要添加多个文件,可以不断添加。添加完毕后单击"Close"按钮,关闭该窗口,如图 6-10 所示。

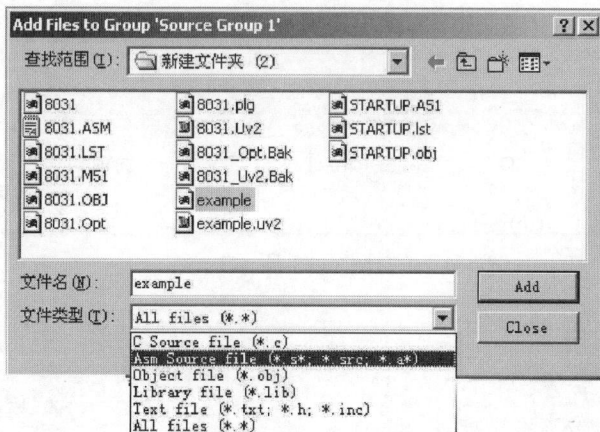

图 6-10 Add Files to Group 'Source Group1'对话框

(9)这时在 Source Group1 目录里就有 example.asm 文件,如图 6-11 所

示。

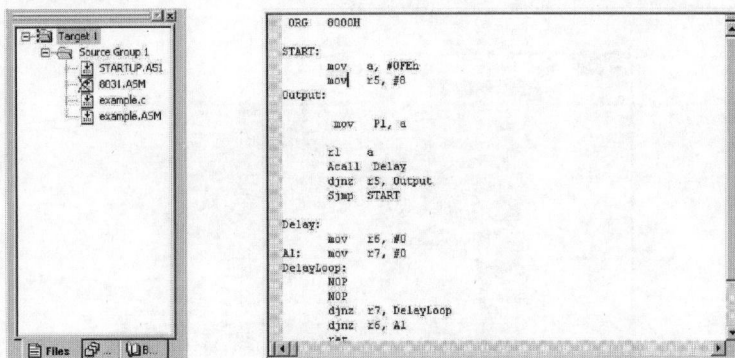

图 6-11　example.asm 文件

(10)接下来要对目标进行一些设置。用鼠标右键(注意用右键)单击 Target1,在弹出的会计菜单中选择 Options for Target "Target 1"选项,如图 6-12 所示。

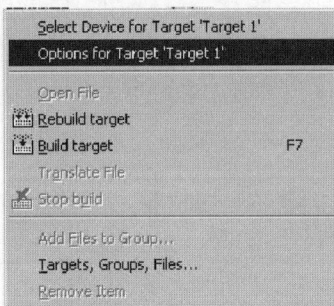

图 6-12　ptions for Target "Target 1"选项

(11)弹出 Options for Target "Target 1"对话框,其中有 8 个选项卡。

①默认为 Target 选项卡(如图 6-13 所示)。

192

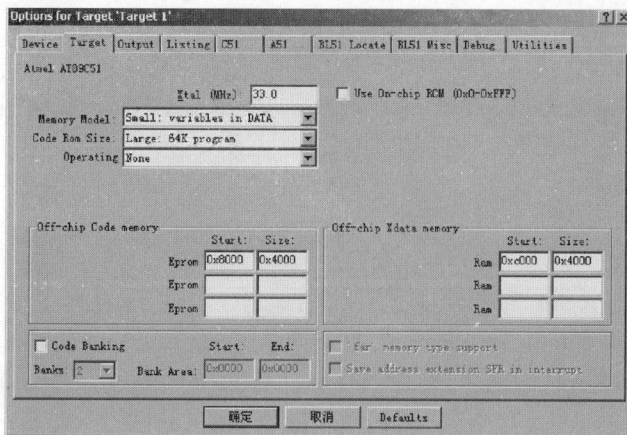

图 6-13　Target **选项卡**

● Xtal(MHZ)：设置单片机工作的频率，默认是 24.0 MHz。

● Use On－chip ROM(0x0－0XFFF)：表示使用片上的 Flash ROM，At89C51 有 4KB 的可重编程的 Flash ROM，该选项取决于单片机应用系统，如果单片机的 EA 接高电平，则选中这个选项，表示使用内部 ROM，如果单片机的 EA 接低电平，表示使用外部 ROM，则不选中该项。这里选中该选项。

● Off－chip Code memory：表示片外 ROM 的开始地址和大小，如果没有外接程序存储器，那么不需要填任何数据。这里假设使用一个片外 ROM，地址从 0x8000 开始，一般填 16 进制的数，Size 为片外 ROM 的大小。假设外接 ROM 的大小为 0x1000 字节，则最多可以外接 3 块 ROM。

● Off－chip Xdata memory：那么可以填上外接 Xdata 外部数据存储器的起始地址和大小，一般的应用是 62256，这里特殊的指定 Xdata 的起始地址为 0x2000，大小为 0x8000。

● Code Banking：是使用 Code Banking 技术。Keil 可以支持程序代码超过 64KB 的情况，最大可以有 2MB 的程序代码。如果代码超过 64KB，那么就要使用 Code Banking 技术，以支持更多的程序空间。Code Banking 支持自动的 Bank 的切换，这在建立一个大型系统时是必需的。例如：在单片机里实现汉字字库，实现汉字输入法，都要用到该技术。

● Memory Model：单击 Memory Model 后面的下拉箭头，会有 3 个选项，如图 6-14 所示。

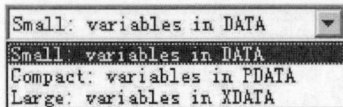

图 6-14　Memory Model 选项

- Small：变量存储在内部 RAM 里。
- Compact：变量存储在外部 RAM 里，使用 8 位间接寻址。
- Large：变量存储在外部 RAM 里，使用 16 位间接寻址。

一般使用 Small 来存储变量，此时单片机优先将变量存储在内部 RAM 里，如果内部 RAM 空间不够，才会存在外部 RAM 中。Compact 的方式要通过程序来指定页的高位地址，编程比较复杂，如果外部 RAM 很少，只有 256 字节，那么对该 256 字节的读取就比较快。

如果超过 256 字节，而且需要不断地进行切换，就比较麻烦，Compact 模式适用于比较少的外部 RAM 的情况。Large 模式是指变量会优先分配到外部 RAM 里。需要注意的是，3 种存储方式都支持内部 256 字节和外部 64 KB 的 RAM。因为变量存储在内部 RAM 里运算速度比存储在外部 RAM 要快得多，大部分的应用都是选择 Small 模式。

使用 Small 模式时，并不说明变量就不可以存储在外部，只是需要特别指定，比如：

unsigned char xdata a：变量 a 存储在内部 RAM。

unsigned char a：变量存储在内部 RAM。

但是使用 Large 的模式时：

unsigned char xdata a：变量 a 存储在外部 RAM。

unsigned char a：变量 a 同样存储在外部 RAM。

这就是它们之间的区别，可以看出这几个选项只影响没有特别指定变量的存储空间的情况，默认存储在所选模式的存储空间，比如上面的变量定义 unsigned char a。

- Code Rom Size：单击 Code Rom Size 后面的下拉箭头，将有 3 个选项，如图 6-15 所示。
- Small：program 2 K or less，适用于 AT89C2051 这些芯片，2 051 只有 2 KB 的代码空间，所以跳转地址只有 2 KB，编译的时候会使用 ACALL AJMP 这些短跳指令，而不会使用 LCALL,LJMP 指令。如果代码地址跳转超过 2 KB，那么会出错。

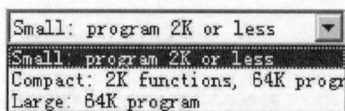

图 6-15　Code Rom Size **选项**

● Compact：2 K functions，64 K program，表示每个子函数的代码大小不超过 2 K，整个项目可以有 64 K 的代码。就是说在 main（）里可以使用 LCALL，LJMP 指令，但在子程序里只会使用 ACALL，AJMP 指令。只有确定每个子程序不会超过 2 KB，才可以使用 Compact 方式。

● Large：64 KB program，表示程序或子函数代码都可以大到 64 KB，使用 code bank 还可以更大。通常都选用该方式。选择 Large 方式速度不会比 Small 慢很多，所以一般没有必要选择 Compact 和 Small 方式。这里选择 Large 方式。

● Operating：单击 Operating 后面的下拉箭头，会有 3 个选项，如图 6-16 所示。

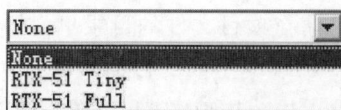

图 6-16　Operating **选项**

● None：表示不使用操作系统。
● RTX－51 Tiny Real－Time OS：表示使用 Tiny 操作系统。
● RTX－51 Full Real －Time OS：表示使用 Full 操作系统。

Tiny 是一个多任务操作系统，使用定时器 0 做任务切换。在 11.059 2 MHz 时，切换任务的速度为 30 ms。如果有 10 个任务同时运行，那么切换时间为 300 ms。不支持中断系统的任务切换，也没有优行级，因为切换的时间太长，实时性大打折扣。多任务情况下（比如 5 个），轮循一次需要 150 ms，即 150 ms 才处理一个任务，这连键盘扫描这些事情都实现不了，更不要说串口接收、外部中断了。同时切换需要大概 1 000 个机器周期，对 CPU 的浪费很大，对内部 RAM 的占用也很严重。实际上用到多任务操作系统的情况很少。

Keil C51 Full Real －Time OS 是比 Tiny 要好一些的系统（但需要用户使用外部 RAM），支持中断方式的多任务和任务优先级，但是 Keil C51 里不提供该运行库，要另外购买。

这里选择 None。

②设置 Output 选项卡(如图 6-17 所示)。

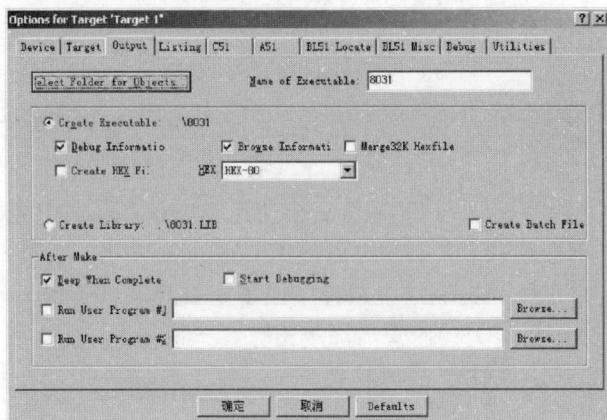

图 6-17　设置 Output 卡

● Select Folder for Objects：单击该按钮可以选择编译后目标文件的存储目录，如果不设置，就存储在项目文件的目录里。

● Name of Executable：设置生成的目标文件的名字，缺省情况下和项目的名字一样。目标文件可以生成库或者 obj、HEX 的格式。

● Create Executable：如果要生成 OMF 以及 HEX 文件，一般选中 Debug Information 和 Browse Information。选中这两项，才有调试所需的详细信息，比如要调试 C 语言程序，如果不选中，调试时将无法看到高级语言写的程序。

● Create HEX File：要生成 HEX 文件，一定要选中该选项，如果编译之后没有生成 HEX 文件，就是因为这个选项没有被选中。默认是不选中的。

● Create Library：选中该项时将生成 lib 库文件。根据需要决定是否要生成库文件，一般应用是不生成库文件的。

● After Make：栏中有以下几个设置。

● Beep when complete：编译完成之后发出咚的声音。

● Start Debugging：马上启动调试(软件仿真或硬件仿真)，根据需要来设置，一般是不选中。

● Run User Program ♯1,Run User Program ♯2：这个选项可以设置编译完之后所要运行的其他应用程序(比如有些用户自己编写了烧写芯片的程序，编译完便执行该程序，将 HEX 文件写入芯片)，或者调用外部的仿真器程

196

序。根据自己的需要设置。

③设置 Listing 选项卡（如图 6-18 所示）。

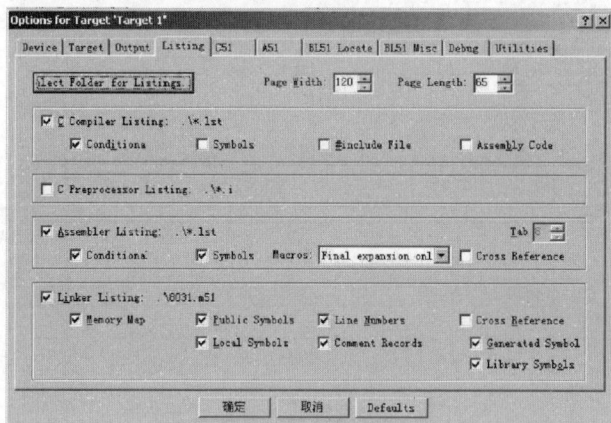

图 6-18　设置 Listing 选项卡

Keil C51 在编译之后除了生成目标文件之外，还生 *.lst、*m51 的文件。这两个文件可以告诉程序员程序中所用的 idata、data、bit、xdata、code、RAM、ROM、stack 等的相关信息，以及程序所需的代码空间。

选中 Assembly Code 会生成汇编的代码。这是很有好处的，如果不知道如何用汇编来写一个 long 型数的乘法，那么可以先用 C 语言来写，写完之后编译，就可以得到用汇编实现的代码。对于一个高级的单片机程序员来说，往往既要熟悉汇编，同时也要熟悉 C 语言，才能更好地编写程序。某些地方用 C 语言无法实现，便用汇编语言却很容易。有些地方用汇编语言，很繁琐，用 C 语言就很方便。

单击 Select Folder for Listings 按钮后，在出现的对话框中可以选择生成的列表文件的存放目录。不做选择时，使用项目文件所在的目录。

④设置 Debug 选项卡（如图 6-19 所示）。

这里有两类仿真形式可选：Use Simulator 和 Use：Keil Monitor－51 Driver，前一种是纯软件仿真，后一种是带有 Monitor－51 目标仿真器的仿真。

● Load Application at Start：选择这项之后，Keil 才会自动装载程序代码。

● Go till main：调试 C 语言程序时可以选择这一项，PC 会自动运行到

197

main 程序处。

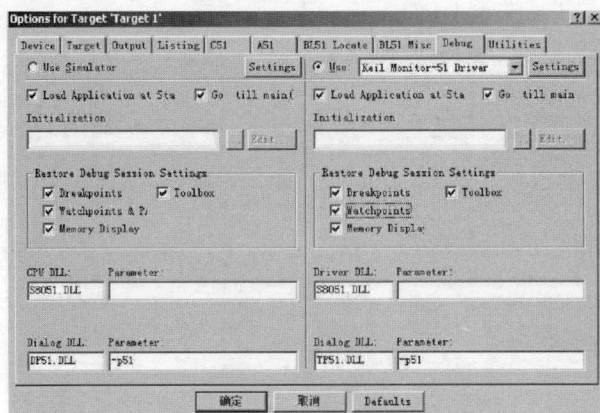

图 6-19　设置 Debug 选项卡

这里选择 Use Simulator。

如果选择 Use:Keil Monitor—51 Driver,还可以单击图 6-19 中的 Settings 按钮,打开新的窗口如图 6-20,其中的设置如下。

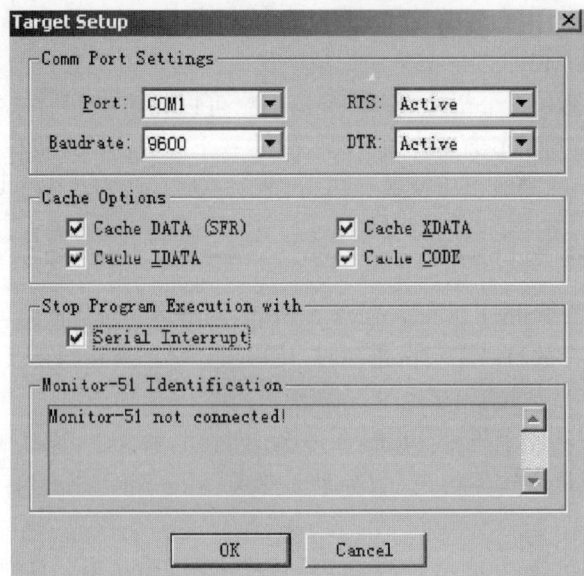

图 6-20　Target 设置

- Port：设置串口号，为仿真机的串口连接线 COM_A 所连接的串口。
- Baudrate：设置为 9600，仿真机固定使用 9 600 bit/s 跟 Keil 通信。
- Serial Interrupt：允许串行中断，选中它。
- Cache Options：可以选也可以不选，推荐选它，这样仿真机会运行得快一点。

最后单击 OK 按钮关闭窗口。

(12)编译程序，选择【Project】/【Rebuild all target files】选项，如图 6-21 所示。

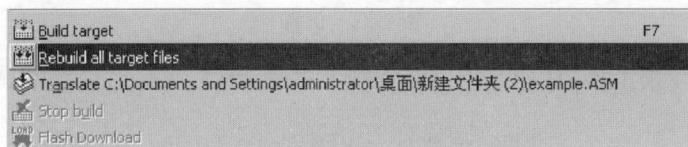

图 6-21　Rebuild all target files

或者单击工具栏中的 按钮，如图 22 所示，开始编译程序。

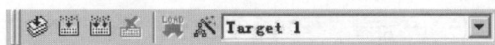

图 6-22　工具栏中的按钮

如果编译成功，开发环境下面会显示编译成功的信息，如图 6-23 所示。

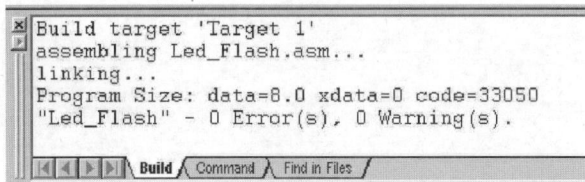

图 6-23　编译成功信息

(13)编译完毕之后，选择【Debug】/【Start/Stop Debug Session】选项，即就进入仿真环境，如图 6-24 所示。

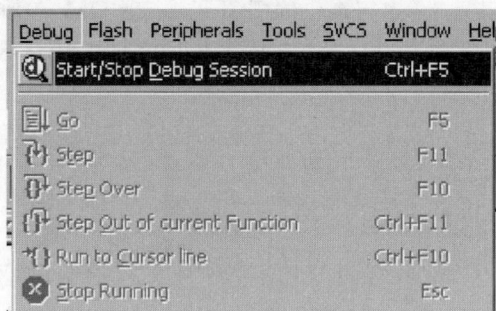

图 6-24　仿真

或者单击工具栏中的 ⊕ 按钮，如图 6-25 所示。

图 6-25　工具栏仿真按钮

(14)装载代码之后，开发环境下面显示如图 6-26 所示的信息。

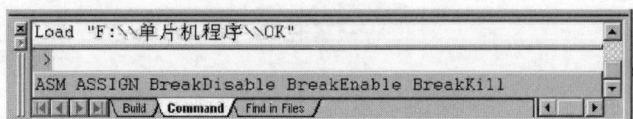

图 6-26　装载代码

附录四

仿真器仿真与软件仿真

一、仿真器仿真

1.硬件准备

首先您必须具备 THDPJ－1 硬件系统,和 THKL－C51 仿真器,还需要一条串口线(串口线的接法是 2－3/3－2/5－5 也就是交叉接法,不是平行接法)。

2.软件准备

您需要准备 uVision2 软件一套,版本最好是 7.0 之后的,我们产品附带光盘就包含了最新的 uVision2 软件,如果老用户无法得到这个版本软件,可以上网寻录,也可以到 keil 公司的网站下载 www.keil.com 下载,当然您还可以和我们销售员联络,获得光盘。

3.系统设置

实验箱连接好电源线,串口线连接好 PC 机和 THKL－C51 仿真器,把仿真器插入单片机最小应用系统 1 模块的锁紧插座中。

4.软件设置

打开 uVision2 软件,创建相关实验的应用项目,包括添加源文件,编译项目文件,详见附录一。开始软件设置,找到图 7-1 所示菜单项。

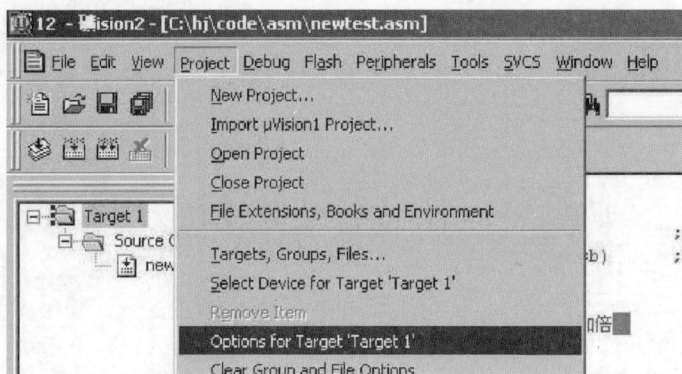

图 7-1　Project 菜单

选中以后找到图 7-2 所示的对话框,按照图 7-2 里面的图示方法,进行端口设置。选择硬件仿真。

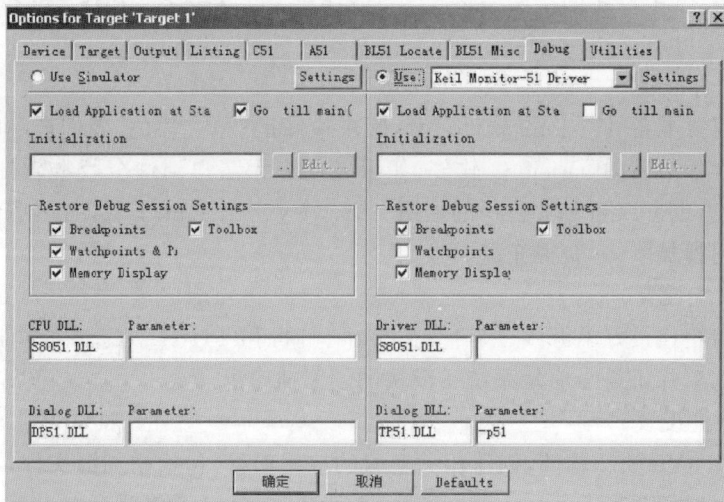

图 7-2　设置 Debug 选项卡

　　进入 Target 设置，如图 7-3。选择串行口，波特率选择 38400，这样就设置好了。

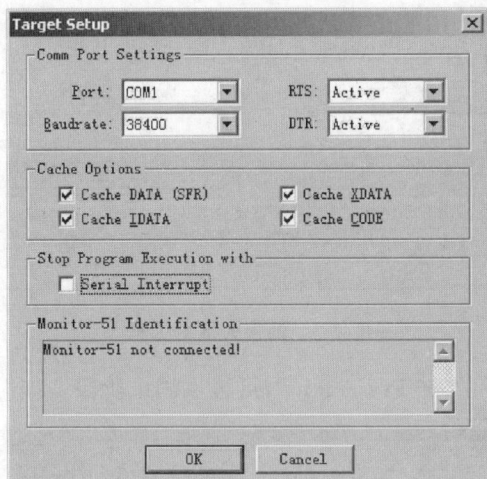

图 7-3　Target 设置

5.开始调试

　　按实验指导提供的方法连接好实验导线。打开相关模块的电源开关（关闭不相关模块的电源开关），打开总电源开关。按图 4 中的按钮 ⊕ 开始调试。

图 7-4　调试窗口

这时候如果出现图 7-5 所示对话框,那么硬件系统应复位一次,关闭总电源开关 2 秒后从新打开电源。

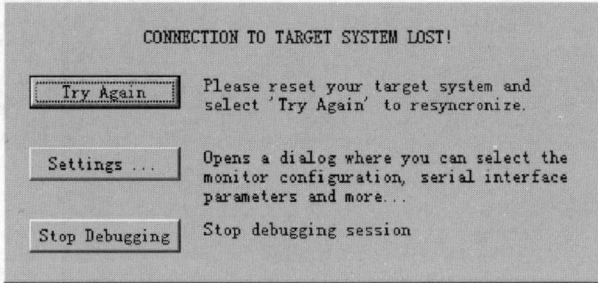

图 7-5　连接失败对话框

然后按图 5 所示的"Try Again",可进入调试阶段。如图 7-6 所示。

图 7-6　调试窗口

按图 7-6 中 按钮,即可运行程序。

如果想停止运行程序,应按一下 THKL－C51 仿真器的复位按钮,等待约 2 秒后,程序便停止运行,再次按图 7-6 中的 按钮可返回到图 7-4 界面。

二、软件仿真

根据一个实例作软件仿真的过程。

本实例指定外部存储器的起始地址和长度,将其内容赋同一值。

程序如下:

```
        ADDR EQU 8000H          ;地址:8000H
        ORG 0
        MOV DPTR,♯ADDR
        MOV R0,♯20              ;赋值个数:20
        MOV A,♯0FFH             ;赋值:0FFH
LOOP:   MOVX @DPTR,A
        INC DPTR
        DJNZ R0,LOOP
        END
```

1.软件设置

点击按钮 ,按照图 7-7 里面的图示方法,进行端口设置:

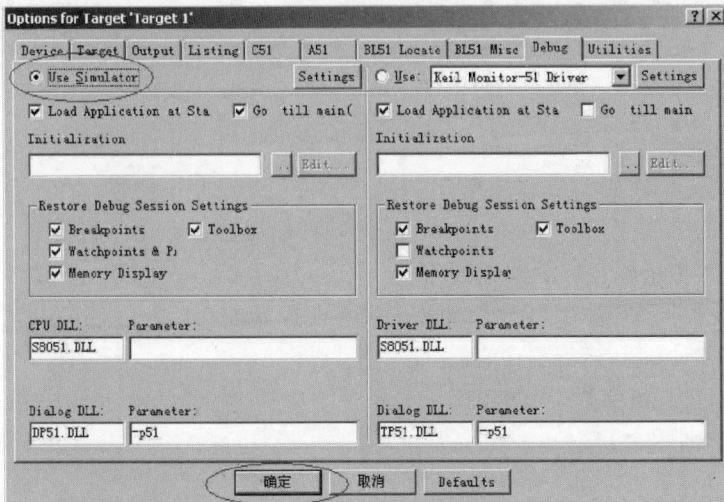

图 7-7 设置 Debug 选项卡

2.编译

点击 按钮,无误后点击按钮 ,如图 7-8。

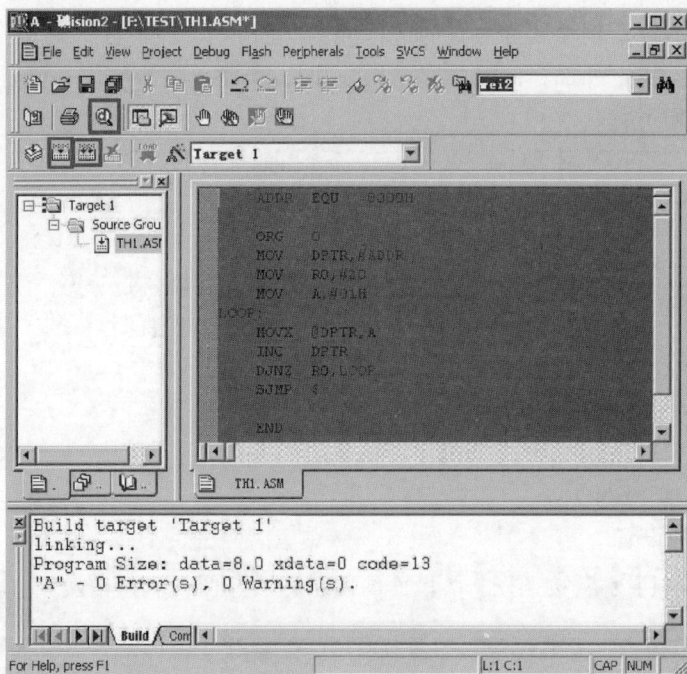

图 7-8 编译

无编译误后点击按钮 开始调试。

3.调试

打开 View 菜单下 Memory Window(存储器窗口),在存储器窗口的 Address 输入框中输入:X:8000H

接着按回车键,存储器窗口显示 8000H 起始的存储数据(都为 0)。

点击 按钮,运行程序,如图 7-9。

程序运行结束后,存储器窗口显示 8000H 起始的 20 个单元的数据变为"0FFH",如图 7-10。

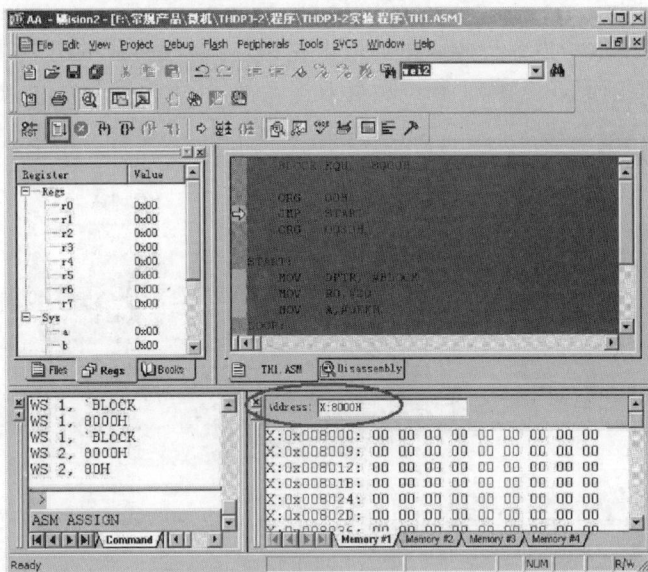

图 7-9　调试窗口

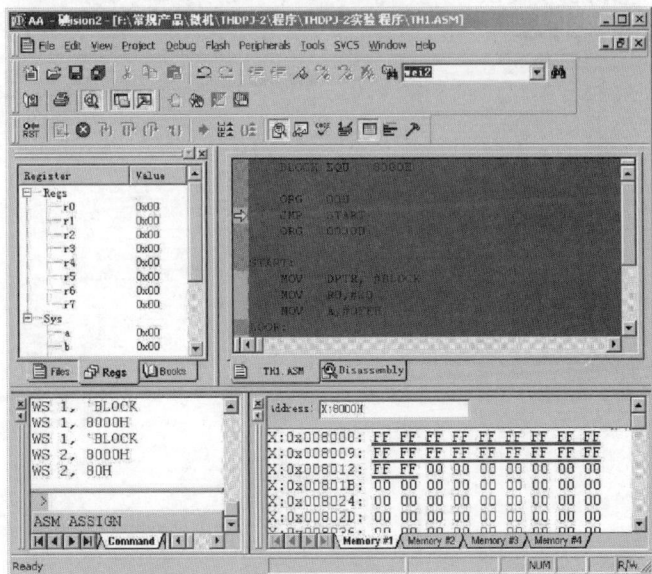

图 7-10　调试窗口

4.设置断点

在需设断点的指令行的空白处双击左键,指令行的前端出现红色方块即可。同样,取消断点设置,也在空白处双击左键,红色方块消失,如图 7-11。

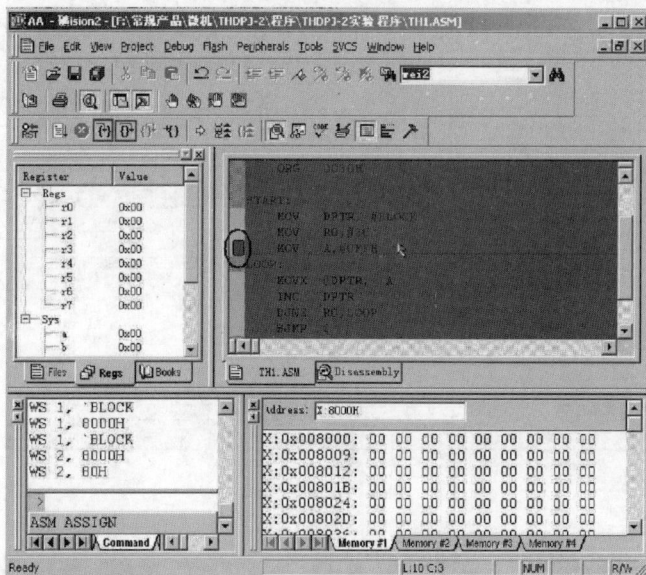

图 7-11　调试窗口

致 老 师

尊敬的老师：

　　您好！

　　感谢您选择《单片机应用系统设计与制作工作页》，这是一本强调学生学习的主动性和创新性的新教材。它的特点是：每个学习任务都具有一个完整的单片机应用系统的设计与制作过程，在这样的产品开发工作过程中既训练学生的职业能力，同时也培养了学生的职业素质。

　　为对您的教学有所帮助，在教学实施过程中，我们有如下建议：

一、教师的角色

　　教师的作用是引导、督促、检查，鼓励学生大胆想象，充分发挥自主创新意识，发现存在严重错误时，及时帮助解决各小组在项目制作过程中出现的各类问题，以保证各小组学习项目的顺利完成。

二、内容组织与任务选取

　　每个学习任务都包含学习目标、学习准备、工作计划、任务实施、成果检查学业评价等几个环节，进行基于单片机应用系统设计与制作全过程的能力训练。在工作页中我们选取的学习内容主要有霓虹灯的控制、发声控制、串行通信、计算器设计、直流电机调速等，这是实用性强、并与生产实际很贴近的学习情境，针对单片机不同部分的运用能力训练，设计出了不同的学习任务。每个学习任务包含具有可选性的子任务。

三、教学方法与组织形式

　　本课程更倡导以行动为导向的教学，通过引导问题，促使学生进行主动的思考，每个学习任务的教学组织，都包含"教"、"学"和"做"三个方面，请您根据学习任务所需要的工作要求，组建学生学习小组，在"教"的时候，更注重培养学生的职业素养和职业能力，使学生能进行模拟行业企业实际工作岗位的工作过程。在学生"学"的时候，引导学生在学习过程中能针对项目进行思考、分析，做出项目设计方案。在学生"做"的时候，使学生在合作中利用仿真器和实际电路测试，共同完成项目作品，整个教学做过程注意因材施教。

编者

2009 年 8 月

后 记

　　本套"工作页"丛书作为我院 2008—2009 年度国家示范性高职院校建设项目"课程体系与教学内容改革"的重要成果,历经一年多的努力,终于付梓面世了。这项系统而复杂的改革课题于我们而言是一项巨大的挑战。一路走来,我们经历了理念转变与形成时的冲突与碰撞,研讨与交流时的风暴与交锋,设计与构思时的困惑与彷徨,起草与修改时的辛苦与无奈。当峰回路转,我们又感受了困惑与彷徨之后的顿悟与坚定,品尝了灵感闪现与观点生成之后的豁然与兴奋,体验了掩卷长舒之后的轻松与释然。同时更有一种崇高的"跨越苦难成就自我,疑惑丛生继续前行"的成就感与使命感的油然而生!

　　在本套丛书油墨的清香飘然而至之时,我们要表达对北京师范大学教育技术学院技术与职业教育研究所所长赵志群博士、广州市教育局辜东莲教研员最诚挚的谢意! 也要感谢所有的参编人员——我们可亲可敬的同事们! 他们在承担繁重的示范性建设任务和本职工作的同时,加班加点,精心设计,仔细推敲,数易其稿。本套丛书凝聚着他们锐意创新的勇气和投身课程改革的毅力,倾注了他们对莘莘学子的挚诚热爱和宝贵心血,更显示着他们不辞辛苦、无私奉献的精神境界!

　　本套"工作页"丛书作为课程与教学改革探索途中的新成果,已具雏形,但不免生涩,只希望能够抛砖引玉,促进职业教育课程与教学改革的进一步深入。同时,丛书所留下的遗憾,只能在工学结合一体化课程的实施中得到不断的丰富与修正,在日后的修订中得到弥补和完善。

　　路漫漫其修远兮,吾将上下而求索!

丛书编者

2009 年 8 月

参考文献

（1）李全利.单片机原理及应用技术.北京:高等教育出版社,2006

（2）倪志莲.单片机应用技术.北京:北京理工大学出版社,2007

（3）胡锦.单片机技术实用教程.北京:高等教育出版社,2003

（4）苏家健.单片机原理及应用技术.北京:高等教育出版社,2004

（5）刘瑞新.单片机原理及应用教程.北京:机械工业出版社,2005

（6）吴国经.单片机应用技术.北京:中国电力出版社,2000

（7）何立民.单片机应用技术选编(1).北京:北京航空航天出版社,2005

（8）何立民.单片机应用系统设计.北京:北京航空航天出版社,2000

图书在版编目(CIP)数据

单片机应用系统设计与制作工作页/廖传柱主编.厦门:厦门大学出版社,
2009.11(2013.6重印)
(漳州职业技术学院国家示范性高职院校项目建设成果之课程与教学改革丛书)
ISBN 978-7-5615-3402-1

Ⅰ.单…　Ⅱ.廖…　Ⅲ.单片微型计算机-高等学校:技术学校-教学参考资料
Ⅳ.TP368.1

中国版本图书馆 CIP 数据核字(2009)第 189441 号

厦门大学出版社出版发行
(地址:厦门市软件园二期望海路 39 号　邮编:361008)
http://www.xmupress.com
xmup @ xmupress.com
厦门集大印刷厂印刷
2009 年 11 月第 1 版　2013 年 6 月第 2 次印刷
开本:787×960　1/16　印张:14
插页:2　字数:252 千字
定价:26.00 元
本书如有印装质量问题请直接寄承印厂调换